Mein kosmologischer Bruch

Fröhliche Wissenschaft im Lichte Schwarzer Löcher

WERNER SIMON

Mein kosmologischer Bruch

Fröhliche Wissenschaft im Lichte Schwarzer Löcher

Bibliografische Information der Deutschen Nationalbibliothek:
Die Deutsche Nationalbibliothek verzeichnet diese Publikation
in der Deutschen Nationalbibliografie;
detaillierte bibliografische Daten sind im Internet
über dnb.dnb.de abrufbar.

© 2021 Werner Simon
Satz, Umschlaggestaltung, Herstellung und Verlag:
BoD – Books on Demand, Norderstedt

ISBN: 978-3-7534-7412-0

Prolog

Wenn ein Wissensgebiet heutzutage offenbar große Rätsel birgt, man sich damit aber nicht abfinden möchte, kann man sich genötigt sehen, sich selbst einen Reim darauf zu machen. Abgesehen davon, dass man so gleichsam Frieden mit der Sache zu finden vermag, ist es zudem nicht ausgeschlossen, dass hierzu ein relativ Außenstehender neuen Schwung in die verfahrene Situation bringt. Will man auf Probe etwas Neues und zugleich Weltbewegendes zu einem Themenkomplex beitragen, müssen herkömmliche Überlegungen dazu, die letztlich widersprüchlich sind, im Abgleich mit der eigenen Idee gehörig aufgemischt werden. Vorliegende Schrift geht ein solches Wagnis ein, der Aufgabe geschuldet mehr spielerisch als streng wissenschaftlich. Im Hinblick etwa auf die Schieflage, dass „Dunkle Materie" und „Dunkle Energie" unter Fachleuten schon längst anerkannt sind, bisher jedoch noch kein Sachverständiger gebührend aufzuzeigen vermochte, was es mit diesen festgestellten Wirkmächten genauer auf sich haben könnte.

So wie es derzeit überhaupt aussieht, hat sich die Physik zum Kleinen und Großen hin in ihre jeweiligen Sackgassen verlaufen. Verfolgte Verbindungswege zur Harmonisierung von Teilchen- und Astrophysik führen bisher schließlich nicht hinlänglich ans Ziel. Dabei muss gedanklich womöglich gar nicht erst so strikt getrennt werden, was derart entzweit dann auf Biegen und Brechen theoretisch vereint werden soll (Theory of Everything). Dieser dreiste Vorschlag einer bahnbrechenden Neubeschreibung des Geschehens mit dem Weltall wirft einen ironischen samt selbstironischen Blick auf jenes fachliche Treiben. Und zwar nicht ohne den Anspruch, hinsichtlich astronomischer Befunde Licht ins Dunkel der zeitgenössischen Kosmologie zu bringen. Auch wenn dieses forsche Deutungsangebot von etablierten Fachvertretern nicht ernst genommen werden sollte, so stellt es doch, immerhin vorläufig in sich stimmig, eine klärende Perspektive auf eine festgefahrene Problematik bereit, textlich zugeschnitten auf den interessierten Laien, der gewillt ist, die Sache vollauf zu durchdenken.

*›Und das Licht scheint in der Finsternis,
und die Finsternis hat's nicht ergriffen‹*

(JOHANNES 1,5)

Vor dem Anklang meiner gewagten Theorie in der Öffentlichkeit war die Welt noch weitgehend in ihrer alten physikalischen Ordnung, müssen Sie wissen. Sobald sie unter Sachkennern jedoch zunehmend ernst genommen wurde, geriet das Universum gleichsam aus seinen vermeintlichen kosmischen Fugen – und damit, quasi auf meine irdische Existenz übertragen, zusehends auch mein Berufs- und Privatleben. Aber das tut hier nicht viel zur Sache, denn in der Hauptsache soll es um die viel *allg*emeinere Angelegenheit der Kosmologie gehen. Zu meiner jüngsten Berufs- und Privatsphäre werde ich chronologisch erst später etwas beisteuern. Indes das auch nur ansatzweise an wenigen Stellen, nachdem die Geschichte zu meiner Theoriefindung und -festigung größtenteils aufgerollt ist. Was diesen Hergang für meinen Alltag betrifft, so bewirkte er unter anderem die Misere meiner Ehe mit einer etablierten Frau vom Fach, einer Anhängerin des String-Modells in der theoretischen Physik.

Im Fokus dieser ausholenden Abklärung zu meiner revolutionären Kosmologie steht ihre Qualität, genauer ihr Aufschlussreichtum bezüglich zäher Fachprobleme, welcher sie im Vergleich zu anderen Versuchen, das große Weltgeschehen begreiflich zu machen, hervorhebt, speziell gegenüber dem sogenannten Standardmodell der Kosmologie. Die beruflichen und privaten Konsequenzen, die sich mit der Entfaltung und bisherigen Wirkung meiner umwälzenden Theorie für mich ergeben haben, werden dagegen nur beiläufig bemerkt, untergebracht vor allem in Fußnoten, um die sachliche Darlegung nicht groß durch Persönliches zu stören. Wer sich nur für meine durchgreifende Interpretation der kosmischen Prozesse interessiert, der braucht sich somit kaum durch Alltagsweltliches aufhalten zu lassen, indem er die betreffenden Anmerkungen einfach unten liegen lässt. Zur Auflockerung, wenn nicht gar zum Verständnis der sachliterarischen Auseinandersetzung, könnten sie aber durchaus dienlich sein.

Wenn Sie mich fragen, warum ich Ihnen neben der Unterbreitung meiner neuartigen Kosmologie en passant auch von der jüngsten Verstrickung meines Lebens etwas mitteilen möchte, so antworte ich, dass ich sie mir bei der Gelegenheit – wenigstens anspielend – von der Seele schreiben wollte, um Erleichterung darüber zu finden. Wenn Sie mich als interessierter Laie zudem vorab fragen, welchen Gewinn Sie aus vorliegender Lektüre ziehen können, so besteht er meines Erachtens vor allem darin, dass sie fassliche Aufklärung über ein heikles Thema bietet, das jedem nachdenklichen Menschen etwas angehen sollte – und zwar eingefasst in die Darbietung einer bahnbrechenden, strikt problemlösenden Theorie.

Die Welt schreibt das Jahr 2022 n. Chr. Lieber wäre mir eine ungerade Jahreszahl gewesen, zur allgemeinverständlichen Publikation meines wissenschaftlichen Bruches mit der Tradition, aber es hat sich halt so ergeben. Ich bin zwar kein beschlagener Literat schöngeistiger Ausprägung, aber ein bildhaft denkender Gelehrter, der authentisch über etwas Außerordentliches aus der Welt der Wissenschaft zu berichten weiß, da er es selbst durchdacht und durchlebt hat. Der Stoff dieses Stückes fachgebundener Autobiographie sozusagen ist nach meiner Überzeugung nicht nur für Eingeweihte meines Ressorts, sondern für alle Menschen von Belang, die in der materiellen und geistigen Lage sind, sich für die Entstehung und Entwicklung des Weltalls zu interessieren. Aber das hat von Fall zu Fall freilich jeder Leser für sich selbst zu entscheiden, da er etwa überlegt, dies erzählende Sachbuch besser wegzulegen oder weiterzulesen. Damit soll es vorerst genug sein zu meiner Motivation, diese Art Streitschrift unters interessierte Volk bringen zu wollen und nicht etwa nur an Bibliotheken sogenannter Universitäten.[1]

Im sachlich Folgenden werden per Vergleich vordringlich die logischen Vorzüge meiner Kosmologie erörtert, selbstredend in der Auseinandersetzung mit Koryphäen der physikalischen Zunft. Was muss ich sie wohl schon genervt haben, diese Hawkings, Greenes und Wittens und wie sie alle heißen, diese *all*umfassenden, obgleich entrückten, weil matheverrückten Standardphysiker mit meiner subversiven Kritik an ihren abstrakten Denkgebäuden. Allein, wie haben sie ihrerseits mich aufgeregt angesichts ihrer anspruchsvollen Spekulationen bis ins gemeint Größte und Kleinste, die jeglicher empirischen Nachweisbarkeit entbehren. Für mich ist es heute offensichtlich, dass ihre weite Einsicht in physikalischen Dingen sie zu überdrehten (metaphysischen) Mutmaßungen verleitete, um eine Aura der Allwissenheit um sich zu schaffen, die ihre Wirkung schließlich nicht verfehlte, sowohl was interessierte Laien als auch was Fachleute anbelangt.

Der hochverehrte Stephen Hawking zum Beispiel, samt seiner, mit Verlaub, rührenden Computerstimme und seiner ergreifenden Fesselung

---

1 Es sei hier sogleich darüber Bescheid gegeben, dass ich die vorliegende Schrift vereint mit einem literarisch etwas höher begabten Menschen, als ich es bin, erstellt habe; vor allem was die Abfassung von Dialogen betrifft. Es handelt sich dabei auch um einen meiner besten Schüler in Sachen Kosmologie, der ferner wie ich philosophisch angehaucht ist. Er (Dr. phil. Werner Simon) hat sich zudem dazu bereit erklärt, seinen Vor- und Zunamen für die Herausgabe dieses Buches zur Verfügung zu stellen. Ich wollte des Mittäters Kennwörter dafür, mehr oder weniger als Pseudonym. Schließlich gehört dieser Text zu einem etwas anderen Typ von Lektüre als meine Fachveröffentlichungen. Jenem Musterschüler sei ausdrücklich für seine Unterstützung des Projektes vorliegender Publikation sowie für seine Überzeugungsarbeit gedankt, mit der er mich zur Umsetzung desselben ermuntert hat.

an den Rollstuhl, brachte es in seiner öffentlichen Wirkung zu Lebzeiten etwa so weit, dass Mütter ihre Kinder zu ihm brachten, damit er ihnen heilbringend die Hand auflege. Angesichts einer solchen Wegbeschreitung zu einer kulturellen Ikone auf dem Rücken einer Wissenschaft muss tatsächlich zugegeben werden, dass Hawking, wenn nicht (wie immer wieder so benannt) seinerzeit der „klügste Mensch der Welt", so doch eines der intelligentesten Wesen des Menschengeschlechts gewesen ist. Nicht dass ich solchen Kollegen vom Fach ihren Ruhm nicht gegönnt hätte, aber im Sinne der Aufrichtigkeit gegenüber dem, was nachweislich behauptet werden kann, empfand ich ihre mediale Inszenierung doch als ziemlich anstößig.

Ich schrieb „empfand" und nicht „empfinde", denn ich bin selbst schon anfänglich, ob ich es wollte oder nicht, zu einer Person von zweifelhaftem Gewicht in der Öffentlichkeit geworden; eben mit der Zeit, da meine wegweisende Theorie sich in immer mehr Köpfen fachlicher Kenner befürwortend festsetzte, da sie erstens bisher nicht zwingend widerlegt werden konnte, zweitens vormalige kosmologische Probleme löste[2] und schließlich drittens dabei alte Widersprüche der neueren Physik elegant auflöste. Nur soviel fürs Erste zum Wert meiner *Schaffung* von *Wissen*, bevor eingangs nun kurz Bescheid darüber zu geben ist, wie ich zu meiner Kosmologie kam.

Wenn ich mit heutiger Reife zurückdenke, so verstand ich meine dreiste Neudeutung von Welt zu Beginn wohl nur als Versuch eines Gegenentwurfs zur herkömmlichen Kosmologie, um gleichsam heiter einen möglichen Aufstand zu proben. Im Hinblick auf ihre ungelösten Probleme und Misshelligkeiten ging es mir darum, quasi locker zu prüfen, ob, und gegebenenfalls wie genauer, man das Weltallgeschehen unter den

---

2   Wie etwa das Dilemma mit der vermeintlichen Schwäche der Gravitation

bekannten empirischen Gegebenheiten plausibel auch aus alternativer Perspektive begreifen kann. Im Verlauf dieser gemeint spielerischen Herangehensweise an die Rätsel des Kosmos wurde mir jedoch schlagartig bewusst, dass ich es von Anfang an ernst gemeint hatte mit meiner theoretischen Abgrenzung von der gewohnten Wissenschaft der Astro- und Teilchenphysiker – aus welchem Impuls heraus auch immer.

Die Initialzündung dieses aktiven Widerstandes auf kosmologischem Gebiet muss, so bin ich mir rückblickend sicher, eine hartnäckige (um nicht zu sagen fixe) Idee gewesen sein, die von einem „Urknall" absieht. Und zwar die Vorstellung, dass der Urquell des Universums, also das, woraus es entsprang, weder ein winziges Etwas (Uratom) noch ein mysteriöses Nichts (Vakuum) war und auch kein ominöses Paralleluniversum unter womöglich vielen Universen gewesen ist (Multiversum), sondern dass das All sich beständig aus sich selbst heraus kreiert, mittels der Masse und Energie herkommend sowohl von der lichten Welt prinzipieller Sichtbarkeit als auch von der finsteren Welt grundsätzlicher Unsichtbarkeit. Mit der lichten Welt meine ich bspw. das Sonnensystem samt Erde und überhaupt die Milchstraße, samt und sonders das uns Menschen halbwegs bekannte „Teil-Universum" der Beobachtbarkeit. Die finstere Welt betrifft dagegen in meiner Theorie das weithin unbekannte „Teil-Universum" der sogenannten Schwarzen Löcher.

Nach meiner Kosmologie lässt sich das derzeitige Weltall also durchaus sinnvoll in einen Part strahlenbedingter Helligkeit und in ein Kontingent der Dunkelheit bestehend aus Schwarzen Löchern einteilen. Meine kosmologische Grundthese ist nun, dass alle kleineren Schwarzen Löcher (Folgeschwarzlöcher) samt umgebender Galaxien und restlicher Erscheinungen des Lichts ursprünglich von einem *all*gewaltigen Schwarzen Urloch stammen und nach einem Weltgeschehen bewegter Ausbreitung in und durch Licht sozusagen allmählich wieder vollauf in die urgewaltige (gravitationsmonströse) Dichte eines per se unsichtbaren **Ursprungsschwarzloches** einkehren werden, woraus sich dann irgendwann unter gegebenen Umständen ein neues „Teil-Universum" in den Dimensionen erfahrbarer Zeiten und Räume speisen wird, und zwar um die Ereignishorizonte kleinerer Schwarzer Löcher, will vor allem sagen **zentralgalaktischer Schwarzlöcher**, bis jenes zukünftige Ursprungsschwarzloch ganz aufgelöst sein wird.[3]

Das mutet mehrheitlich zunächst bestimmt abwegig an, aber die Erläuterung dessen, wie sich das im Einzelnen im Rahmen meiner Theorie gegenseitig stützt, wird später im Kontext des Textes freilich noch zu geben sein. Meine kosmologische Grundunterscheidung zwischen einer Welt strahlenbedingter Helligkeit und einer Welt der Dunkelheit aus Schwarzen Löchern ruft bei anfänglicher Rezeption womöglich irreführende Assoziationen hervor, indem sie etwa mit der theologischen Entgegensetzung von Himmel und Hölle in Verbindung gebracht wird. Falls sie allerdings solche Anklänge hat, dann sei Folgendes bedacht: Nach meiner Kosmologie wäre demnach der Himmel nichts Überirdisches, sondern er wäre gerade die Erde mitsamt der ganzen lichtdurchfluteten Welt der prinzipiellen Sichtbarkeit, die Hölle dagegen wäre somit das direkt nicht erfahrbare Universum (Teil-Universum) der Schwarzen Löcher. Über das Innere der Hölle kann der Mensch folglich (gottlob) nichts empirisch Gewisses in Erfahrung bringen, über

---

3   Der Begriff „Universum" leitet sich aus dem lateinischen Wort „universus" ab, was soviel wie „gesamt" bedeutet. „Universum" wird demgemäß im deutschen Sprachraum allgemein als Bezeichnung für alles benutzt, was es gibt. Insofern ist es eigentlich widersprüchlich, wenn ich zwischen einem Universum des Lichts und einem Universum Schwarzer Löcher unterscheide. Zwecks flüssigerer Lesbarkeit dieser Darbietung meiner Kosmologie nehme ich mir das im Folgenden aber heraus, um nicht umständlich Teil-Universum des Lichts bzw. Teil-Universum Schwarzer Löcher schreiben zu müssen.

die Beschaffenheit des Himmels indessen vieles davon, wenn man sich
z. B. nur mal auf den „Blauen Planeten" darin bezieht.

Alles in allem hingegen hat meine fundamentale Neubeschreibung der
Weltallentwicklung rein gar nichts mit Theologie zu tun. Ihr Clou besteht vielmehr, wenn Sie so wollen, in der Übertragung des Nietzsche'n
Gedankens von der „ewigen Wiederkunft des Gleichen" auf das gesamte
Universum. Allerdings haben diese Vorstellung im Grunde schon der
2001 verstorbene Fred Hoyle und später andere Fachmänner mehr oder
weniger explizit zum wissenschaftlich Besten gegeben, aber nicht in
der erhellenden Weise, wie ich sie mir im Begründungskontext meines
Theoriegebäudes detailliert bezüglich aktueller physikalischer Schwierigkeiten aneignete, insbesondere in Anknüpfung an und Abgrenzung
eben zu Hoyle, des Weiteren in Anknüpfung an und Abgrenzung zu
Stephen Hawking († 2018) und letztlich durchweg in positivem Bezug
auf Robert Laughlin (Physik-Nobelpreis: 1998).

Von Hoyle übernahm ich speziell die zentrale Mutmaßung seiner sogenannten Steady-State-Theorie, dass die Ausdehnung des Universums durch die andauernde Zufuhr von Materie bewirkt wird. Durch
Laughlin lernte ich die Idee universeller Emergenz zu schätzen und
theoretisch zu nutzen – das heißt die Vorstellung, dass alle und nicht
nur einige der im Weltall bestehenden und möglichen Naturgesetzlichkeiten durch kollektive Geschehnisse erwirkt werden, auf welche Weisen auch immer.[4] In Bezug auf Hawking schließlich bediente ich mich
seiner 1975er-Annahme, dass Schwarze Löcher sich Massen nicht nur

---

4   Das will vorauseilend schon mal genauer heißen, dass die spontane Herausbildung von neuen Eigenschaften oder Strukturen eines Systems infolge des Zusammenspiels seiner Elemente geschieht, ohne dass diese Eigenschaften oder
    Strukturen zwingend von dem Zusammenspiel der Elemente abgeleitet werden
    könnten. Das wiederum will einfacher heißen, dass das Ganze mehr ist als die
    Summe seiner Teile.

einverleiben, sondern sie auch freisetzen können, und zwar durch die nach ihm benannte „Hawking-Strahlung".

Diese Strahlung geht nach Hawkings These speziell von den so benannten „primordialen" (lat. „ursprünglichen") Schwarzen Löchern aus, die sich unmittelbar nach dem vermeintlichen Urknall gebildet hätten. Ich meinerseits nahm diese, relativ klein vorgestellten, Schwarzlöcher für meine Kosmologie nicht an, machte aber die Hawking-Strahlung für dieselbe stark, indem ich sie – theoretisch modifiziert – einem uranfänglichen Mega-Schwarzloch als unermesslichen Ausgangskörper unseres Universums zuschrieb. Letzteres Theorem ist zwar eine entscheidende Komponente in meinem kosmologischen Denkmodell, kann aber freilich auch nicht mehr als höchstens eine plausible Vermutung sein, denn eine direkte Beobachtung von Schwarzen Löchern ist praktisch unmöglich, da sie wegen ihrer gravitativen Vehemenz kein Licht (elektromagnetische Strahlung) aussenden.

Nach Hawking sind frühzeitliche Schwarze Löcher also hypothetisch in der Lage, Energie in Form von Strahlung abzugeben, wodurch sie massemäßig allmählich „verdampfen" würden.[5] Bereits nachweislich real ist für spätere Schwarzlöcher in den Zentren von Galaxien festzustellen, dass von dort aus Materie explosionsartig nach außen hin befördert werden kann, und zwar in Form stark gebündelter, hochenergetischer Teilchenströme, den sogenannten „kosmischen Jets". Traditionell physikalisch geht man davon aus, dass ihre Frachten ursprünglich von außerhalb betreffender Schwarzlöcher stammen, indem diese umgebende

---

5 Die Emission von Hawking-Strahlung aus Schwarzen Löchern ist eine These Hawkings gestützt auf Berechnungen, die sowohl die Quantentheorie als auch die Allgemeine Relativitätstheorie berücksichtigen, obendrein auch noch die Thermodynamik. Mit jener Wärmestrahlung (Hawking-Strahlung) verlören betreffende Schwarzlöcher Energie und damit Masse, wodurch sie schrumpfen würden. Genaueres dazu wird später im Kontext erläutert.

Stoffe zuerst anziehen und die dann verändert wegkatapultiert werden, durch welche Kraft oder welche Kräfte auch immer. Ich meinerseits traue diesen Schwarzlöchern indes zu, dass sie jene Jets selbst zumindest mitverursachen und auch von innen heraus speisen können, wenigstens teilweise, unter gegebenen turbulenten Umständen. Wie dem auch sei, sind Schwarze Löcher mittig von Galaxien nicht nur unstreitig in der Lage, durch die Gewalt ihrer Schwerkräfte Unmengen an Materie in sich einzusaugen, sondern offenbar auch dazu, Materie geballt und mit hoher Energie von sich zu entfernen, wenn auch kräftemäßig nur zusätzlich, etwa durch die Heftigkeit ihrer Fliehkräfte aufgrund ihrer annähernd lichtgeschwinden Rotationen.[6] Die Jets aus nächster Nähe von Schwarzlöchern in Galaxienzentren haben schließlich nahezu Lichtgeschwindigkeit und gelten standardphysikalisch als die energiereichsten Phänomene des Universums. Spektakulär beobachtet wurde einer davon bereits Ende 2007, ausgehend von dem Schwarzen Loch im Zentrum einer Galaxie, der es streckenmäßig bis zur Nachbargalaxie geschafft hatte (Galaxiensystem 3C 321).

Halten wir zur Eigenart Schwarzer Löcher zunächst schon mal Folgendes fest, was später bei der ausführlichen Begründung meiner Theorie zentral sein wird. Nämlich erstens,

- dass sie erwiesenermaßen nicht nur Materie und Strahlung samt Energie gravitativ verschlingen, sondern als Kerne von Galaxien sozusagen mutmaßlich auch energiereiche Materieströme (Jets) nach außen hin zumindest mitverursachen können,

und zweitens,

---

6   Gründlicheres dazu später (S. 68 - S. 71)!

- dass sie womöglich Energie per Strahlung freisetzen können und dabei an Masse verlieren, wenigstens die primordialen Schwarzlöcher (nach Hawking) beziehungsweise Ursprungsschwarzlöcher (nach mir).

Halten wir diesbezüglich betreffs der Eigenart meiner Kosmologie zudem schon mal fest, dass jene beiden Möglichkeiten Schwarzer Löcher – nämlich Materie samt Energie und Energie per Strahlung in den Weltraum befördern zu können – des Rätsels Lösung im Kontext meiner Kosmologie ist, was die traditionell schleierhaften Annahmen der „Dunklen Materie" und „Dunklen Energie" angeht.

Mein theoretischer Zugriff auf das Weltall gibt also forsch vor, auch das kosmologische Mysterium mit der scheinbar existenten „Dunkelmaterie" und der scheinbar existenten „Dunkelenergie" entmystifiziert zu haben. Zudem beansprucht er – neben der Lösung noch anderer vormals ungelöster Rätsel – die Frage überzeugend beantwortet zu haben, warum sich das Universum immer schneller ausdehnt.[7] Und zwar im Hinblick auf Hawkings These betreffs der Hawking-Strahlung, dass der Prozess des Verdampfens Schwarzer Löcher (primordialer Schwarzlöcher) umso rapider verläuft, je geringer ihre Massen werden.

Übertragen auf meine Kosmologie heißt das nämlich konkret, dass ein *all*gewaltiges Ursprungsschwarzloch derzeit permanent Energie durch Strahlung (Hawking-Strahlung!) freisetzt und hie und da Masseausbrüche (Ur-Jets!) aus ihm erwirkt. Wenn dem so ist, dann kann man im

---

7   Seit 1998 weiß man bekanntlich überraschenderweise ziemlich sicher, dass das Universum nicht nur ständig anwächst (gleichmäßig nach Hubble), sondern dass es zunehmend expandiert. Und zwar aufgrund der beobachteten Spektralverschiebungen der Lichter ins Rote („Rotverschiebung") von relativ weit entfernten Supernovae des sogenannten Typs 1a. Zu Edwin Hubble und der Rotverschiebung in der Astronomie später mehr in passender Textumgebung!

Verweis auf Hawking plausibel davon ausgehen, dass dieses angenommene Ursprungsschwarzloch umso schneller verpufft, je weniger Masse es hat. Und das bedeutet nach mir in der Folge für die lichte Welt des Universums, dass sie sich immer schneller ausdehnt, eben aufgrund der zunehmend freikommenden Strahlung und Massen (Urmaterie) aus dem Ursprungsschwarzloch. Strahlung wandelt sich unter bestimmten Umständen schließlich in Materie um (vice versa), die in unserem Fall – das heißt gemäß ihres selbstverstärkenden Masseaustritts aus dem Ursprungsschwarzloch – natürlich zunehmend Platz (Raumzeit!) zur Ausbreitung braucht.

Laut meiner kosmologischen Theorie gibt die unerforschliche Welt des ursprünglichen Schwarzloches derzeit also zunehmend Masse an den Rest des Universums ab, wodurch diese erforschliche Welt des Lichts zunehmend an Masse und Raumzeit gewinnt. Das heißt genauer und richtiger formuliert, dass das amtierende Ursprungsschwarzloch des heutigen Universums immer mehr Masse vermittels Strahlung (Hawking-Strahlung) und urmaterieller Auswürfe (Ur-Jets) in die äußere Umgebung seines Ereignishorizontes einspeist, was durch den sich steigernden Materiegewinn des lichtdurchfluteten Alls seine anschwellende raumzeitliche Ausdehnung nach sich zieht. Vorgängige Absätze machen meine alternative (helle) Antwort zur standardmäßigen (dunklen) auf die Frage aus, warum sich das Universum überhaupt ausdehnt und weshalb es sich zunehmend ausdehnt.

Soviel fürs Erste zur Einordnung und gleichwohl weiten Abgrenzung meiner Theorie ins beziehungsweise zum kosmologischen Standardmodell, das vor meiner entsprechenden Fundamentalkritik nicht wirklich groß infrage gestellt wurde. Bevor ich weiter damit fortfahre, soll zum Einstieg der Konfrontation mit gegnerischen Positionen der Text eines kurzen Briefes an mich, samt langem Antwortschreiben meinerseits darauf, vorangestellt werden, der aus der Sicht eines laienhaften und religiös motivierten Kritikers an meiner Kosmologie geschrieben wurde. Meine Reaktion auf den anklagenden Brief fasst meine paradigmatische Theorie zur Kosmologie nämlich relativ leicht verständlich zusammen, wie ich meine. Gleichzeitig soll damit – vor der noch sachlicheren Darlegung meiner Auseinandersetzung mit der Tradition auf meinem Wissensgebiet – ein eingängiges Beispiel dafür gegeben werden, wie sich meine Kosmologie gegen tradierte Entgegnungen verteidigen lässt, die typischerweise von schöpfungstheoretischer Art sind.[8]

Text eines Briefes von einem gottesgläubigen Rezipienten an mich zu meiner kosmologischen Theorie:

Herr Welter,

der Sie glauben, die Wahrheit über die Entstehung der Welt herausgefunden zu haben; mit Verlaub: Ich erachte Ihre Kosmologie als Ausdruck eines oberflächlichen, ja verworrenen Geistes. Und zwar vor allem deshalb, weil sie keinen klaren Anfangs- und Schlusspunkt des Weltalls zu erkennen gibt. Ihre Unterstellung von der ewigen Wiederkehr eines gleichen Universums ist eine

---

8   Auch die Urknall-Theoretiker sind meinem Urteil nach noch kosmologische Schöpfungs-Theoretiker, da sie den Anfang des beobachtbaren Universums nicht aus dem Wirken und Stoff des Weltalls selbst heraus interpretieren, sondern aus etwas anderem heraus (Uratom!, Nichts!, Paralleluniversum!). Selbst der verehrte Stephen Hawking war gemäß meiner Auffassung noch ein Schöpfungs-Theoretiker, da er die Entstehung des Universums, im Gleichklang mit vielen klassischen Urknall-Theoretikern, letztlich aus dem Nichts (Vakuum) heraus erklärt. Ein belegendes Zitat Hawkings hierüber lautet folgendermaßen: „Weil es ein Gesetz wie das der Schwerkraft gibt, kann und wird sich ein Universum selber aus dem Nichts erschaffen" (Der große Entwurf, 2010, S. 177). Aber schließlich legt der Fluchtpunkt „Urknall" eine Art Schöpfungsakt nahe, weil bei einem solchen Anfang allen Seins Naturgesetze nicht gelten können, per definitionem.

vorlaute Unverantwortlichkeit, da sie uns Menschen offenbar die redliche Erwartung auf Erlösung versagt.

Wollen Sie denn nicht an einen versöhnlichen Abschluss des irdischen Daseins glauben? Weshalb wehren Sie sich theoretisch nur so strikt dagegen, frage ich mich? Das Weltall hat doch mit Sicherheit auch einen planmäßigen Aufbruch gehabt. Es muss durch einen vernünftigen Geist entworfen worden sein: Von nichts Sinnvollem kann schließlich nichts Sinnvolles kommen! Es kann nur so etwas Wirkmächtiges wie Gott gewesen sein, der den Kosmos durch den Urknall schöpferisch ausgebreitet hat. Wie schon der große Aristoteles wusste, ist Gott der unbewegte Beweger, der die Welt aus dem Nichts heraus einsichtsvoll erschaffen hat. Sein Seelenreich ist ewig, die körperliche, die sinnlich erfahrbare Welt jedoch nicht, denn die wird untergehen am Jüngsten Tag.

Weiter brauche ich hier gar nicht auszuholen, um ihr Hirngespinst an Kosmologie Lügen zu strafen. Lassen Sie sich meine wenigen Zeilen mal durch Ihren verrückten Kopf gehen! Was bilden Sie sich eigentlich ein, Sie beschränkter Experte, um nicht Fachidiot zu sagen? Was maßen Sie sich nur an, Sie armseliger Angeber aus einer bloßen Wissenschaft heraus? Zeigen Sie Demut vor dem Sinn des Lebens und verwerfen Sie Ihre Theorie! Ich appelliere an Ihren Verstand und Anstand, im Namen der Menschlichkeit.

Unterschrift

Anschließend meine ausführliche Antwort auf diese knappe, gleichwohl scharfe Kritik, die ich als Kopie jedem theologisch motivierten Briefschreiber angepasst zusandte und zuweilen immer noch zusende,

der in obiger Art auf meine Kosmologie reagierte beziehungsweise reagiert:

Geehrter Herr «...»,

ich kann es gut verstehen, dass Sie sich von meiner Kosmologie eines in sich zyklischen Universums kritisch herausgefordert fühlen. Schließlich habe ich, wie Sie offenkundig auch, eine religiöse Sozialisation im christlichen Sinne durchlaufen, die natürlich einen göttlichen Schöpfungsakt der Welt nahelegt. Seien Sie vorab zudem darauf hingewiesen, dass ich regelmäßig ähnlich abgefasste Briefe von traditionell denkenden Rezipienten bekomme, wie Sie ihn mir geschickt haben. Es ist mir sehr wohl bewusst, dass meine Theorie zur Entwicklung des Weltalls einem gottesgläubigen Menschen, wie Sie es ersichtlich sind, trostlos vorkommen mag. Ich kann es durchaus nachvollziehen, dass es für Sie eine beunruhigende Behauptung ist, das Weltall gäbe es schon immer, wobei es sich ohne bewussten Plan erhält und wandelt. Denn somit entfällt die Notwendigkeit der Existenz eines höchsten Vernunftwesens, das ordnend hinter allem steckt, was ist und geschieht.

Ihre theologische Deutung vom Entstehen und Vergehen der Welt ist aus meiner Wissenschafts-Perspektive allerdings altbackener Aberglaube im Begriff Gottes, der von der Wunschvorstellung getragen wird, der einzelne Mensch könne ein ewiges Leben in einer jenseitigen Wohlfühlwelt erlangen, genannt ‚Paradies‘. Gegen solche religiösen Ansichten gibt es freilich nichts einzuwenden, solange sie keine gewalttätigen Folgen zeitigen. Wie Sie aber sicherlich wissen, gibt es Beispiele genug, auch aktuelle, die dem widersprechen: mittelalterliche Kreuzzüge z. B. oder gegenwärtige Selbstmordattentate im Namen Allahs auf sogenannte Ungläubige.

Ich will Ihnen und Ihresgleichen nicht den Mut zum Leben nehmen, aber eine weit verbreitete Anerkennung meiner Kosmologie könnte meines Erachtens letztlich eine moralische Stärkung des Menschengeschlechtes bedeuten. Und zwar dahingehend, dass es das Diesseits vermehrt als einzige Möglichkeit seines Lebens annimmt und die Erde insofern umweltlich besser zu schützen bestrebt ist, im Sinne der Nachhaltigkeit. Unabhängig davon, ob meine Logik zum kosmischen Geschehen der Wirklichkeit entspricht, verstehe ich sie also allemal als Einladung dazu, die Dynamik des Weltalls gemäß empirischer Gegebenheiten theoretisch einleuchtend zu begreifen und dementsprechend die heimische Welt, in der wir leben, praktisch zu erhalten.

Ich biete eine Interpretation des Alls im Sinne ‚Fröhlicher Wissenschaft' auf, wie sie schon Friedrich Nietzsche forderte, der selbsterklärte ‚Antichrist'. Ich sehe mich allerdings nicht als missionarischen Atheisten, jedenfalls nicht in erster Linie. Unter allen bisherigen Kosmologien ist die meinige aber gewiss am konsequentesten davon abgerückt, das Sein auf einen metaphysischen Sinn hin festzulegen; es etwa im Hinblick auf einen schöpferischen Akt eines allmächtigen Wesens humanoider Art auszudeuten, von dem einst alles planvoll ausging und zu dem alles gezielt hinstrebt. Damit soll jedoch keine Frustration unter Menschen verbreitet werden. Es soll somit vielmehr der Wille zur Annahme und Pflege des Lebens unter der Voraussetzung gestärkt werden, dass es kein überweltliches Dasein gibt, gleichwohl die Gelegenheit zu einem weltlichen Leben auf entsprechenden Planeten höchstwahrscheinlich immer wiederkehrt, aufgrund der ewigen Wiederkunft eines lichtdurchfluteten Alls.[9]

---

9   Selbst wenn das nur einen Planeten je lichtdurchflutetem All betreffen sollte. Leben außerhalb „unseres" Planeten konnte bis dato zwar noch nicht aufgespürt

Natürlich schließt die Bejahung des Lebens unumgänglich auch die Akzeptanz des damit verbundenen Leids und Schmerzes mit ein. Die Übereinkunft mit dem Leid soll hingegen nicht heißen, dass es – etwa aus Mitleid (Schopenhauer) – mit der Zeit nicht verringert werden sollte. Der Gedanke von der *ewigen Wiederkunft* wird in meiner Kosmologie indes nicht groß moralisch ausgedeutet, sondern vielmehr nüchtern als vorläufige Tatsache angenommen; als ‚eine Wahrheit, die‘ – im Gegensatz zu Nietzsches Befürchtung in seiner *Fröhlichen Wissenschaft* – **nicht** ‚schrecklicher ist als jede andere.‘ Strenge Wissenschaftler mögen meiner *freigeistigen* Kosmologie mit Ablehnung oder gar mit Hohn und Spott begegnen und sie allenfalls im Reich der Kunst, bestenfalls im Bereich zwar einfallsreicher, aber ‚nur‘ schöngeistiger Literatur gelten lassen. Dazu sei hier jedoch allgemein darauf hingewiesen, dass sich die Experten heutzutage in fast allen grundlegenden Wissensfragen widersprechen, bis hin zur Orientierungslosigkeit, und dass speziell das bevorzugte kosmologische Standardmodell logische Erklärungsnöte birgt, die es mit einem großen Fragezeichen überschatten.

---

werden, aber immerhin bereits einige Tausend (über 4000) Exoplaneten, von denen, dem bisherigen Anschein nach, einige günstige Lebensbedingungen aufweisen, was etwa schon den Abstand zwischen Planet und Stern angeht. Gewissheit über extraterrestrisches Leben verspricht man sich vor allem von der auflösenden Stärke des James-Webb-Weltraumteleskopes, das Ende letzten Jahres gestartet wurde. Abgesehen davon ist es wohl höchst unwahrscheinlich, dass es außer „unseren" keine(n) anderen Planeten mit Leben gab und/oder gibt und/oder geben wird. Man bedenke dazu, dass nach seriösen Schätzungen durchschnittlich einer von fünf Sternen am Nachthimmel von einem Planeten ähnlich „unserem blauen" umkreist wird. Und allein in der Milchstraße gibt es, grob geschätzt, einige hundert Milliarden Sterne (Überschlag weltallweit: etwa 70 Trilliarden Sterne).

Wenn Sie wollen, dann führen Sie sich nachfolgenden Zuschnitt meiner Kosmologie für Sie zu Gemüte. Vielleicht finden Sie ja sonach, dass sie dem heutigen Stand des Wissens gemäß durchaus auch etwas Versöhnliches hat. Seien Sie jedenfalls versichert, dass ich mich von meiner Theorie nicht lossagen werde, solange ich von ihr überzeugt bin:

Vereinfacht ausgedrückt gibt es das All nach meiner Kosmologie schon immer, einerseits als Schwarzes Ursprungsloch sozusagen und andererseits als zentralgalaktische Schwarzlöcher samt sichtbarer Sternenwelt, bei allen Galaxien. Ausgangspunkt des lichten Seins ist laut Theorie regelmäßig ein Ursprungsschwarzloch vor allem wahrnehmbaren Geschehens in der Raumzeit und sein Endpunkt (‚Jüngster Tag‘) wird immer wieder ein solch *all*gewaltiges Gravitationsloch sein, das, wie prinzipiell alle Schwarzen Löcher des Universums, durch seine unbändige Schwerkraft (bzw. Raumzeitkrümmung[10]) nicht einmal das Licht entlässt, das es durch seinen hochenergetischen Betrieb eigentlich herstellen müsste. Der sogenannte ‚Urknall‘ ist nach dieser Vorstellung vom Entstehen und Vergehen der Welt kein Werden aus Nichts oder fast Nichts (‚Uratom‘!) und auch kein Beginnen aus einem ‚Paralleluniversum‘, sondern der zögerliche Anfang des Übertritts von Masse aus größter Gravitation in die weniger gravitative Raumzeit eines werdenden Universums der Sichtbarkeit. Raum und Zeit

---

10 Bekanntlich wird „Gravitation" nach Einsteins Allgemeiner Relativitätstheorie nicht durch die gegenseitige Anziehung von Massen bewirkt, wie noch Newton meinte, sondern durch die Krümmung von Raumzeit, die sich aufgrund der Verteilung der Massen in ihr ergibt. Folglich ist immer damit zu rechnen, dass die jeweiligen Anwesenheiten von Massen die Raumzeit dort entsprechend krümmen, und des Weiteren, dass Objekte, die etwa in eine stark gekrümmte Raumzeit eintauchen, dementsprechend von ihrer Bahn abgelenkt werden.

im erfahrbaren Sinne gibt es demnach erst dann, wenn Licht als bewegte Strahlung im Spiel des Weltalls ist.

Nimmt man Obiges für wahr, so gibt es keinen absoluten Anfang und kein absolutes Ende des Universums, weder des lichtlosen noch des lichtvollen. Vielmehr ist es somit immer schon da gewesen und wird ewiglich da sein. Auch die vorausgesetzte Welt des Ursprungsschwarzloches hat nicht aus Nichts, etwas Winzigem oder einer entsprechenden Parallelwelt heraus angefangen zu sein, sondern sie war immer schon mal wieder und sie wird immer wieder sein, entweder als Teil-Universum neben einem lichten All oder als ganzes Universum in *all*umfassender Finsternis sozusagen. Das kosmische Geschehen ist nach dieser Auffassung quasi ein andauerndes Wechselspiel der Umwandlung zwischen prinzipiell unerfahrbarer Dunkelwelt und prinzipiell erfahrbarer Hellwelt. Das muss nach meiner Überzeugung nicht zwangsläufig etwas Trauriges an sich haben. Schließlich schließt die Idee von der ewigen Wiederkunft eines lichtdurchfluteten Alls die Vorstellung von der endlosen Wiederkehr des Lebens auf erdähnlichen Planeten mit ein und also auch die Möglichkeit des Aufkommens menschenähnlicher Wesen. Daraus lässt sich doch leidlich Trost schöpfen, wenn man über die Kindheitsphantasie eines paradiesischen Himmels hinausgewachsen ist, in dem bei einem göttlichen Wesen ewig gelebt werden könne.

Das ist Hybris gepaart mit Blasphemie, werfen Sie mir hierzu vermutlich vor. Was nehme ich mir da nur heraus mit meinem Hirngespinst an Kosmologie, welches alle bewährte Theologie fußend auf Weltreligionen einfach übergehen möchte. ‚Zeigen Sie Demut vor dem Sinn des Lebens und verwerfen Sie Ihre Theorie‘, so fordern Sie mich auf. Ich entgegne Ihnen Folgendes darauf:

Die althergebrachte Weltanschauung von einem absoluten An-fang und Ende der Welt drängt sich Menschen deshalb auf, weil sie nach ihrer diesseitigen Existenz über den Tod hinaus nach einem überweltlichen Dasein in Ewigkeit verlangen. Mittels seines hochflexiblen Denkens durch Sprache ist der Mensch in der Lage, nicht nur bewusst über gegenwärtige, sondern eben auch über vergangene und zukünftige Ereignisse nachzusinnen. Er hat dadurch eine Reflexion über Werden und Vergehen, über Leben und Tod erlangt, und zwar im Gegensatz zum Tier, das mental immer ‚nur‘ in der Gegenwart lebt und also den Tod nicht kennt, ihn nicht mittelbar durch Sprache fürchten müsste. Der Mensch dagegen weiß ausdrücklich um seine Sterblichkeit auf Erden und hat somit Rückzugsräume wie den jenseitigen Himmel anzunehmen, wenn er seinen endgültigen Tod als Einzelperson nicht wahrhaben will.

Nach meiner Theorie sind keine Parallelwelten wie etwa das ‚Reich Gottes‘ nötig, die eine Bedingung für die Entstehung der diesseiti-gen Welt gewesen wären. Meine kosmologische These von der ewi-gen Wiederkehr des Gleichen macht es vielmehr möglich, sich die Entwicklung des Weltalls ohne *all*gewaltigen Start- und Schluss-punkt begreiflich zu machen. Sie besagt implizit, dass es da, wo sich Licht (elektromagnetische Strahlung) unmöglich ausbreiten kann, naturgemäß auch keinen Raum und keine Zeit im erfahr-baren Sinne gibt. Und zwar ist das laut Theorie eben ausschließ-lich innerhalb der Ereignishorizonte aller Schwarzen Löcher der Fall, von denen mindestens ein großmächtiges Exemplar inmitten jeder stattlichen Galaxie waltet, nach aktuellem Wissensstand.

Schwarze Ursprunglöcher hingegen werden gemäß meiner Kosmologie so vorgestellt, als seien sie vor Kraft strotzende

Ur-Massen von größtmöglicher Dichte, aus denen zur Entstehung komplexer Sternverbände (Galaxien) alle sichtbare Materie samt Energie kommt und in die – über die Vermittlung zentralgalaktischer Schwarzlöcher – allmählich alle lichte Materie samt Energie wieder einkehrt, wegen alles verschlingender Gravitation. Dabei gelte freilich auch der Energieerhaltungssatz, das heißt, dass die Gesamtenergie des Systems Weltall sich sukzessive nicht ändere, sondern sich nur wandle von Form zu Form. Welche Form oder Formen von Energie in Schwarzen Löchern besteht beziehungsweise bestehen, wissen wir nicht, aber sie (die Energie) wird nach meiner Theorie beim Austritt aus Schwarzlöchern oder beim Eintritt in solche nicht mehr oder weniger im System Weltall.

Das Bestehen des Alls ist so gesehen nicht einem ersten göttlichen Beweger zu verdanken, der alles, was war, ist und sein wird, mit einem Handstreich gezielt in die Welt brachte, sondern das, was es an Masse und Energie universell gibt, ist immer schon irgendwie existent gewesen und wird immer irgendwie existent sein. Im Falle von Schwarzen Löchern quasi als äußerst verdichtete energetische Massen, die unter Umständen allmählich entweichen oder sich qua Schwerkraft anreichern und die von den meisten Spezialisten immer noch als etwas Dunkles (‚Dunkle Materie‘, ‚Dunkle Energie‘), weil vormals Unverstandenes bezeichnet werden. Die gewaltigsten Verdichter von Welt, welche die Raumzeit dermaßen stark zu krümmen in der Lage sind, dass kein Licht sich von ihnen ausbreiten kann, sind kosmisch gesehen halt die Schwarzen Löcher. Aus einem ursprünglichen Schwarzloch kommt gemäß Theorie allgemach alles räumlich und zeitlich Erkennbare und zu einem ebensolchen kehrt alles, was das belichtete Sein enthalten kann, nach und nach wieder höchst komprimiert zurück, im gegenseitigen Austausch des Weltalls zwischen sichtbarer und unsichtbarer Welt sozusagen.

Ist das Ursprungsschwarzloch, wie es meine Theorie für die Gegenwart vorgibt, in zunehmender Auflösung begriffen – wobei es folglich immer mehr an Masse verliert – dehnt sich das Universum zwangsläufig verstärkend aus. Es entstehen dabei mit der Zeit mehr und mehr Galaxien und begleitend dazu, quasi zur zentralen Stabilisation, die ihnen entsprechenden zentralgalaktischen Schwarzlöcher. Der offenbare Zuwachs der Ausdehnung des Universums wird im Kontext meiner Kosmologie also durch eine steigende Abnahme der Masse des Ursprungsschwarzloches ausgedeutet. Im Zuge seines sich verstärkenden Verlustes an Masse verliert es zunehmend an Gravitationskraft (bzw. Raumzeitkrümmungskraft) und kann den materievermehrten Kosmos des Lichts gleichsam immer weniger stark zusammenhalten. Hierin liegt meine Antwort auf die Frage nach dem Wesen der sogenannten ‚Dunklen Energie‘ begründet. Denn es ist die wachsende Abgabe an Masse des Ursprungsschwarzloches an das lichte All, die dieses mit einer Kraft ansteigender Entfaltung speist, die man wegen ihrer vermeinten Rätselhaftigkeit traditionell ‚Dunkle Energie‘ nennt.

Im Gegenzug zum forcierten Masseverlust des Ursprungsschwarzloches, so will es jedenfalls meine Theorie, nimmt die Anzahl und somit Gesamtmasse der zentralgalaktischen Schwarzlöcher zur mittigen Bindung von Galaxien entsprechend immer mehr zu. Hierin liegt des Weiteren meine Antwort auf die Frage nach dem Wesen der sogenannten ‚Dunklen Materie‘ begründet, denn es ist die Schwerkraft (gravitative Fernwirkung) der zentralgalaktischen Schwarzlöcher, welche die sie umgebenden Galaxien im

Licht am Auseinanderdriften hindert, was sie nach üblicher Massenberechnung ihrer erkennbaren Materie eigentlich müssten. Die vom kosmologischen Standarddenken vorausgesetzte ‚Dunkle Materie‘ und ‚Dunkle Energie‘ erweisen sich somit als Trugbilder aufgrund vorgängiger Unerklärlichkeiten, die ich theoretisch abklärte.

Kosmologisch gehe ich ferner davon aus, dass mit dem künftigen Verschwinden des Ursprungsschwarzloches durch seinen restlosen Masse- und also Energieverlust die zentralgalaktischen Schwarzlöcher ungehemmt Gravitationskraft (bzw. Raumzeitkrümmungskraft) auf das Universum des Lichts ausüben werden, und zwar deshalb, weil ein aufgelöstes Ursprungsschwarzloch diesem All keine ausdehnende Kraft mehr entgegensetzen kann. Ab jenem Zeitpunkt beginnt sich das Weltall folglich wieder langsam zusammenzuziehen, nach seiner schnellstmöglichen Ausdehnung. Diese Kontraktion indessen wird mit den Massenzunahmen der zentralgalaktischen Schwarzlöcher immer geschwinder vonstattengehen, bis die Raumzeit eintritt, bei der sich das lichtdurchflutete All ganz auflösen wird. Und zwar indem es mehr und mehr in den Zustand eines Kosmos, bestehend ‚nur‘ aus Schwarzen Löchern, übergeht, die sich zuletzt, nachdem sie alle lichte Materie rundweg aufgesogen haben, wieder in einem *all*gewaltigen Ursprungsschwarzloch zusammenfinden, das als solches den Anbeginn einer neuen Allwelt des Lichts in sich trägt.

Zugegeben: Obiges ist, wie man in der Wissenschaft sagt, eine rein ‚materialistische‘ Deutung des Weltgeschehens in Form einer unendlichen Wiederholung, nach meinem Dafürhalten jedoch keine geistfeindliche. Schließlich können sich aus jener ewigen Wiederkehr des Gleichen, wie der Mensch an seinem Beispiel sieht, immer wieder feinsinnige und feinfühlige Wesen selbstschöpferischer Art ergeben – evolutionär auf entsprechenden Planeten, selbstredend nicht jederzeit, aber zu bestimmten Raumzeiten sozusagen.

Ihren Vorwurf, dass ich mit meiner Theorie ,keinen klaren Anfangs- und Schlusspunkt des Weltalls' aufbiete, muss ich mir indes ernstlich gefallen lassen. Ich habe ihn mir kosmologisch zu Herzen zu nehmen, auch wenn er in Bezug auf meine Theorie im Grunde nicht relevant ist. Aber etwas, das es gibt, wie etwa das bewegte Universum, muss irgendwann begonnen haben zu existieren, nach gängiger Erfahrung, auch wenn es ewig weiterexistieren sollte. Insofern sei doch zwingend ein schöpferischer Beweggrund erforderlich, ein ,unbewegter Beweger', wie Aristoteles es ausdrückt, der von Anfang an alles vortrefflich ins Rollen brachte, was heute im Weltall geschieht! Dazu lassen Sie mich als Antwort eingangs die rhetorische Frage stellen, wo denn somit dieser erste Beweger (Schöpfer) herkam, will sagen, durch was und wann er angefangen hat zu sein? Allein, der theologisch zuerkannten Allmacht und Ewigkeit Gottes kann man mit solch kritischen Fragen nicht wirklich beikommen. Also entgegne ich obiger Behauptung vom notwendigen Existenzbeginn des Universums durch einen Schöpfungsakt, dass es nach meiner Kosmologie mit dem, was Weltall genannt wird, prinzipiell auch Raum ohne Zeit geben kann. Und zwar sei das dann, und nur dann, der Fall, wenn sich der betreffende Universalkörper in keinster Weise mehr bewegt. Das sei bloß im Stadium des Alls gegeben, das ,nur' noch aus einem Ursprungsschwarzloch besteht, an und in dem sich rein gar nichts mehr rührt. Hier angelangt existiert zwar noch eine Art Raum, und zwar konsequenterweise der masseverdichtetste – mithin gekrümmteste – Raum von Welt, aber keine Zeit mehr, da nichts mehr vorhanden ist, das sich irgendwie bewegend verändern würde. Zeit vergeht meines physikalischen Erachtens nur dann, wenn sich überhaupt etwas wandelt, wenn nicht, steht die Zeit still, wie man so schön paradox sagt.

Jener vollkommene Stillstand des Alls kommt gemäß meiner Theorie vom Prinzip her mit dem überein, was standardphysikalisch ‚Singularität‘ genannt wird. Man stelle sich dieses uniforme Einerlei als absoluten Nullpunkt an Bewegung von Masse vor, so dass die Zeit in und an ihm entfällt, als geballte Energie in Reinkultur sozusagen. Im beobachtbaren Universum bei heller Materie samt zukommender Schwarzlöcher kann es einen solch ausnahmslosen Abbruch an Bewegung nach meiner Kosmologie natürlich nicht geben, da es dafür an Dichte fehlt. Demzufolge haben, um es unmissverständlich klarzustellen, traditionell veranschlagte Schwarzlöcher in meinem fachlichen Denken nichts zu suchen, die im lichtdurchfluteten Weltall aufgrund ihrer eigenen Masse vollends kollabieren würden, das heißt in eine punktförmige ‚Singularität‘ entschwinden würden.

Standardphysikalisch ist die Temperatur letztlich nur eine andere Bezeichnung für die Bewegungsenergie von Materieteilchen. Im Falle von Null Kelvin beziehungsweise minus 273,15 Grad Celsius stünden betreffende Teilchen theoretisch still. Damit wäre ihr ‚absoluter Nullpunkt‘ an Bewegung und also Temperatur erreicht. Praktisch ist dieser Grenzwert nachweislich allerdings nicht zu erlangen, wiewohl mittels Laserkühlung Materialien schon bis auf wenige Milliardstel Kelvin heruntergekühlt werden konnten. Dass das aber nicht bis zur idealen Messgröße des absoluten Nullpunktes geht, kommt nach mir nicht von ungefähr, denn ein solcher Bewegungsnullpunkt ist gemäß

meiner Kosmologie nur betreffs ausgereifter Ursprungsschwarzlöcher möglich, die eine höchstmögliche Dichte an Masse erreicht haben. Diese zeitlose Bewegungsstarre hält meiner Idee
nach indes nicht lange an, um es zeitlich auszudrücken, denn
sie ist, folgt man mir da, ein höchst instabiler Zustand; ein statisch fragiler und kein dynamisch stabiler eben. Tendenziell
drängt es das Weltall, dort angelangt, also sofort wieder zur
dynamischen Ausformung, quasi aus Zerbrechlichkeit an sich
selbst als bloße Statik.

Wenn es, so gesehen, tatsächlich ein zeitloses All geben kann –
zur gewissen Unzeit sozusagen – dann ist es in seiner Gänze nicht
notwendig auf einen bestimmten Punkt in der Zeit angewiesen,
an dem es angefangen hätte zu existieren. Das Weltall ist somit
gewissermaßen sowohl endlich als auch unendlich – endlich nur
zu Raumzeiten, unendlich immer, speziell zur Unzeit, da es allein als räumliche Masseenergie ohne alle Bewegung existiert.
Der Raum steht universell demzufolge über der Zeit, das heißt
das Universum ist vergänglich als raumzeitliches Geschehen,
aber unvergänglich als räumliches Sein, eben gerade bei seiner
Existenz als total lebloses (scheintotes) Ursprungsschwarzloch,
in und an dem sich bis auf Weiteres nichts mehr bewegt, nichts
vorkommt. Das Ursprungsschwarzloch hat hier quasi seine purste
Masseenergie, seine geballteste Gravitationskraft, könnte man
auch sagen, schnoddrig ausgedrückt eine lupenreine Raum-Zeit-
Krümmung, die massemäßig dermaßen tadellos verdichtet, dass
die Zeit in ihr getilgt wird, wodurch universal nur noch gekrümm-
ter Raum samt Inhalt übrig bleibt. Das so bestimmte Ursprungsschwarzloch ist räumlich zwar noch existent, aber zeitlich nicht
mehr, obgleich es nach meinem Kalkül dazu auch immer mal
wieder Stadien von solitären Ursprungsschwarzlöchern geben

wird, die noch beziehungsweise wieder in Bewegung und also zeitlich besetzt sein werden – in relativ wenig Bewegung.

Das völlig bewegungslose Ursprungsschwarzloch kommt einem kosmischen Zustand gleich, den es gar nicht wirklich gibt, da hier kein bewegtes Zwei- oder Mehrerlei anwesend ist, inwendig oder oberflächlich, das irgendwie aufeinander wirken könnte. Es gibt diese Befindlichkeit laut meiner Kosmologie aber in ihrer räumlich erfüllten Unwirklichkeit und deshalb kann es etwas geben, obwohl zeitlich nichts geschieht. Hier passiert rein gar nichts, abgesehen davon, dass etwas existiert, nämlich konzentrierteste Gravitation als räumlich verdichtetste Masse außerhalb der Zeit – ein vollkommener Raum aus Energie sozusagen, ohne jegliche Bewegung und also ohne zeitliche Durchkreuzung. Energie und Masse müssten in solch zeiterhabenen Körpern, wie ich sie für bewegungstote Ursprungsschwarzlöcher skizziert habe, nach Einsteins Formel der Masse-Energie-Äquivalenz $E = mc^2$ logischerweise ein und dasselbe sein, also $E = m$, da unmöglich Licht samt seiner Geschwindigkeit (c) anwesend sein kann. Experimentell überprüfen lässt sich das jedoch freilich nicht; oder vielleicht doch dereinst irgendwie mittelbar durch solch kolossale Laboratorien wie dem Teilchenbeschleuniger *LHC*, der auch ‚Weltmaschine‘ genannt wird.[11]

Wie soll es gleichwohl geschehen, dass aus jener universellen Starre des unbewegten Ursprungsschwarzloches wieder etwas

---

11 Beim LHC (*Large Hadron Collider, dt.: Großer Hadronen-Speicherring*) handelt es sich bekanntlich um den Mega-Teilchenbeschleuniger kreisrunder Bauart von 26,7 Kilometer Länge am Europäischen Kernforschungszentrum CERN bei Genf hundert Meter unter dem Erdboden. Bezüglich einsetzbarer Energie und erreichbarer Frequenz der Kollisionen ist der *LHC* der leistungsstärkste Teilchenbeschleuniger, der bisher gebaut wurde.

Bewegtes wird, das etwa das Ausmaß des aktuellen Kosmos hat? Nun: Ich habe das oben kess mit der Tendenz zur Dynamik aus statischer Brüchigkeit noterklärt, aber prinzipiell kann das nicht gewusst werden, denn es ist emergent nach meiner wissenschaftlichen Überzeugung. Wir Spezialisten könnten es demnach auch nicht mal stichhaltig ableiten, wenn wir jenes räumliche Einerlei des einst zeitlosen Alls im Nachhinein genau in Erfahrung bringen könnten.

Die Emergenz betrifft, philosophisch formuliert, höhere Seinsstufen, die durch neu auftauchende Qualitäten aus niederen Seinsstufen entstehen. Auf unseren Fall übertragen bedeutet das, dass das alleinige Ursprungsschwarzloch von der Seinsstufe bloßer Räumlichkeit samt Inhalt, durch die neu auftauchende Qualität der Bewegtheit seiner Masseenergie, in die höhere Seinsstufe raumzeitlicher Existenz übergeht, was immerhin einen Karrieresprung vom Raum in die Raumzeit bedeutet. Systemtheoretisch ausgedrückt besagt Emergenz, dass die spontane Herausbildung von neuen Eigenschaften oder Strukturen eines Systems infolge des Zusammenspiels seiner Elemente geschieht, ohne dass diese Eigenschaften oder Strukturen zwingend von dem Zusammenspiel der Elemente abgeleitet werden könnten. Im betreffenden negativen Fall eines total passiven Ursprungsschwarzloches ist es eben kein Zusammenspiel von Elementen, sondern quasi ein Nicht-Zusammenspiel davon; ein bloßes Beisammensein eines Elementes sozusagen, nämlich der unbewegten Masseenergie (Masse = Energie!) eines nur räumlich existenten Ursprungsschwarzloches, welches (das Beisammensein) die spontane Herausbildung von neuen Eigenschaften oder Strukturen eines Systems bewirkt. Und zwar das Gefüge eines räumlich und zeitlich besetzten Ursprungsschwarzloches, in dem sich Masse und

Energie zunehmend voneinander scheiden; bis zum Ausbruch von Strahlung (Hawking-Strahlung) und Massen an Urmaterie (Ur-Jets) zur Speisung einer lichtdurchfluteten Welt.

Der Inhalt von nur räumlichen Existenzen an Ursprungsschwarzlöchern beginnt gemäß jener „Ur-Emergenz", wie ich sie bezeichne, gleichsam zentral zu brodeln und gerät dann immer dynamischer in Bewegung. Analog zur *Materie-Licht-Entkoppelung* nenne ich das im Kontext meiner Kosmologie die *Masse-Energie-Entkoppelung*. Den physikalischen Grund für diese angenommene Scheidung deute ich eben so aus, dass jener zeitlose Zustand des unbewegten Ursprungsschwarzloches ein höchst instabiler, weil statisch vollauf labiler, ist. Durch jenen Grund verschlägt es dieses Schwarzloch also vermutlich prompt in eine beginnende Verkettung an dynamischer Bewegtheit, das heißt in die zeitliche Vergänglichkeit.

Rein sachlich gesehen ist es interessanter, wenn sich etwas in der Welt bewegt als wenn nicht. Auf die tradierte Frage, ,warum es überhaupt etwas gibt und nicht vielmehr nichts', antworte ich im Zusammenhang mit der logischen Gegenfrage, die wohl mindestens genauso berechtigt ist: Warum soll es eigentlich nichts geben und nicht vielmehr etwas? Ebenso, wenn nicht noch mehr einleuchtend ist hierzu doch ein ,warum nicht' als ein ,warum'! Weshalb soll überhaupt ein ,Nichts' sein und nicht vielmehr ein ,Etwas'? Das absolute Nichts gibt es nach meiner Überzeugung nur in menschlicher Vorstellung, und zwar rein abstrakt, denn wie will man sich nichts konkret ausmalen?! Es ist meines Erachtens heillos vermessen, wenn Menschen darüber bestimmen möchten, ob es etwas gibt oder nicht gibt. Hierin liegt schließlich die Gefahr, dass sie alles für nichtig erklären und dementsprechend handeln (Stichwort ,Nihilismus').

Völlig unbewegte Ursprungsschwarzlöcher finden sich nach meiner Kosmologie der Reihe nach immer wieder im Raum ein, nach den jeweiligen Weltgeschehnissen im Licht und des Lichts. Es ist die ewige Wiederkunft des Selben, nicht die ewige Wiederkehr des Gleichen, die hier zum Tragen kommt. Die bewegten Welten der prinzipiellen Beobachtbarkeit hingegen sind vergleichbar, aber mit Sicherheit keinesfalls ganz dieselben, denn es kommt darauf an, was sich jeweils darin entwickelt, kosmisch und evolutionär. Wer weiß: Wenn das Weltall gleichsam die Schnauze voll von aller Bewegung hat, weil quasi sämtliche Möglichkeiten des lichten Seins ausgeschöpft, alle möglichen Sternenwelten ausprobiert sind, dann ist es vielleicht ganz aus mit Universen, die grundsätzlich in Erfahrung gebracht werden können. Hypothetisch indessen gehe ich für meinen Teil an wissenschaftlicher Erfahrung davon aus, dass zeitlose Ursprungsschwarzlocher einen unbändigen Drang zur Bewegung in sich bergen, weil sie von Natur aus zur Dynamik streben. Ein auf den Raum begrenztes Ursprungsschwarzloch ist demnach eine unbewegte Welt als Wille zur Bewegung, um Schopenhauers philosophische Hauptbegrifflichkeit zu bemühen. Die erfahrbare Welt des Lichts ist somit dagegen die Welt als Wille zur Vorstellung von Bewegung, allgemein die Welt als Wille zur Reaktion auf Bewegung, wenn man etwa nur mal das wilde Treiben des Menschen erwägt, das Geschehen in der Welt beziehungsweise im Weltall in allen Einzelheiten ausdeuten und austesten zu wollen, vom Kleinsten bis zum Größten, um womöglich Kapital daraus zu schlagen.

Freundlich grüßt Sie
Unterschrift (Walter Welter)

Nach dieser beispielhaften Einführung in die Kritik an und Verteidigung meiner Theorie zum Geschehen mit Weltall lenke ich den Fokus dieser Art Streitschrift auf meine professionelle Auseinandersetzung mit der klassischen Physik; das heißt genauer, auf meine logische Absetzung vom Standardmodell der Kosmologie, das mehrheitlich freilich immer noch schier dogmatisch vertreten wird. Falls Sie ein Profileser sind, haben Sie bestimmt längst bemerkt, dass ich meine abklärende Geschichte zum Verständnis des Universums möglichst linear niederschreibe, maßgeblich aus meiner neuartigen Sicht der Dinge. Ich präsentiere sie deswegen derart der schlüssigen Reihe nach, da ihr Stoff ohnehin schon relativ schwer begreiflich ist. Krasse Zeitsprünge und schroffe Perspektivenwechsel würden den Text nur verkomplizieren, unnötigerweise. Wenn also schon meine neue Theorie zur Kosmologie nicht traditionell ist, so soll wenigstens der Stil ihrer weitschweifigen (epischen) Erörterung solchermaßen sein, um möglichst wenig Verwirrung zu stiften.

Alle erzählenden Berichte bauen unabdingbar auf dem Erfahrungsschatz ihrer erzählenden Berichterstatter auf. Somit sind sie stets irgendwie autobiographisch unterfüttert, egal ob sie auktorial oder in der Ich-Form angeboten werden. Das literarisch Besondere an autobiographischen Darstellungen besteht in der Identität zwischen Erzähler und dem Protagonisten der Erzählung. Bei anderen Erzähltexten ist diese Einheit selbstredend alles andere als zwingend notwendig. Der Held meiner gebotenen Art Teil-Autobiographie zur Angelegenheit einer außerordentlichen *Schaffung* von *Wissen* bin wohl oder übel ich selbst, Walter Welter. Damit ist diese fachbezogene Schilderung, auch wenn sie sich speziell nur auf einen bestimmten Berufslebensabschnitt bezieht, notwendigerweise subjektiv gefärbt. Aber welche Schriften – bis hin zu sogenannten „exakt wissenschaftlichen" Abhandlungen oder etwa „heiligen Schriften" – sind das letztlich nicht?

Wie hält es meine einschneidende Theorie nun mit der These vom Urknall, um sogleich auf einen zentralen Punkt der neueren Kosmologie einzugehen. Antwort: Sie stellt die Idee vom „Big Bang" samt ihrer Begründung durch neuere astronomische Beobachtungen im Grunde nicht in Abrede, bietet aber eine recht alternative, viel weniger spektakuläre Deutung dazu vom Beginn des uns bekannten Universums auf. Bevor ich den Begriff „Urknall" wie selbstverständlich verwende, sei daran erinnert, was die entsprechende Theorie im Wesentlichen besagt: Der Urknall ist gemäß Standardmodell der Kosmologie das ultimative Startereignis des Weltalls, dem kein weiteres raumzeitliche Geschehen vorausgeht. Anders als das Wort „Knall" suggeriert, war der Urknall nach seinem Entwurf keine laute Explosion von etwas schon Bestehendem in Raum und Zeit, sondern ein gemeinsames Entspringen von Materie, Energie, Raum und Zeit aus einer undefinierbaren Einheit mit dem bezeichnenden Namen „Singularität". Was es mit dieser Singularität demnach qualitativ und quantitativ auf sich gehabt haben könnte, darüber kann nur spekuliert werden. Konsequent einsteinisch bedacht, war sie nur ein formaler Punkt als Ausgang eines expandierenden Universums, der durch die Allgemeine Relativitätstheorie inhaltlich nicht weiter erklärt werden kann.

Mein Szenario von der Entstehung des lichtdurchfluteten Alls der Gegenwart lässt sich mit der Vorstellung vom Urknall einigermaßen in Einklang bringen. Und zwar in dem Sinne, dass das postulierte Ursprungsschwarzloch irgendwann (vor etwa 14 Milliarden Jahren angeblich) aus Gravitationsgründen nicht mehr ganz in der Lage war, seinen Inhalt an hochenergetischer Masse zusammenzuhalten und infolgedessen nachhaltig dazu gezwungen wurde, immer mehr davon nach außen hin abzugeben. Das ist zwar eine ziemlich andere Interpretation vom Urknall, als sie das kosmologische Standardmodell vorgibt, sie lässt sich bezüglich der bisherigen Beobachtungen zum Kasus aber mindestens ebenso widerspruchsfrei stützen – beziehungsweise noch widerspruchsfreier, gemäß meiner Kosmologie.

Bevor ich allerdings die Konzentration darauf lenke, sei (für hiervon weniger bewanderte Leser) daran erinnert, wie man zum klassischen Drama der modernen Kosmologie kam, in dem die Urknalltheorie die Hauptrolle spielt:

Als Begründer der Urknalltheorie gilt der Astrophysiker Georges Lemaître (1894-1966), der zudem, wohl nicht ganz zufällig, als Theologe und Priester wirkte. Schon seit 1931 war der Belgier von einem punktförmigen Urzustand des Universums überzeugt, den er bildlich als „primordiales Atom" oder „Uratom" bezeichnete; des Weiteren, metaphorisch ausholend, auch als „kosmisches Ei, das im Moment der Entstehung des Universums explodierte."[12] In jenem ursprünglichen Atom, so Lemaître, soll die gesamte heute im Universum existierende Materie schon unendlich verdichtet vorhanden gewesen sein. Zur Begründung dieser befremdlichen Vorstellung führte er die offenkundige Ausdehnung des Universums an und überschlug sie vermeintlich konsequent auf einen raumzeitlichen Anfangspunkt hin. Was sich im All andauernd voneinander entfernt, muss, je früher, schließlich umso enger zusammen gewesen sein, war ganz zurückgehend logischerweise einmal völlig vereint. Von der beständigen Ausdehnung des Universums konnte zu jener Zeit nämlich schon allgemein ausgegangen werden. Und zwar aufgrund der Entdeckung, dass Galaxien mit wachsenden Entfernungen ihrer

---

12 Heutige Kosmologen traditioneller Denkungsart sprechen gewollt professionell davon, dass es kein ursprüngliches Atom oder Ei war, das am Anfang der Welt zerknallte, sondern dass da bspw. „reine Geometrie" war, die sich durch den Big Bang in Materie verwandelte. Abstruse Metaphern sollen hier offenbar durch höchst abstrakte Begrifflichkeiten umgangen werden, die jedoch mindestens ebenso abstrus sind, wie ich meine.

Beobachtungen zunehmende Rotverschiebungen der Spektrallinien ihrer ankommenden Lichter zeigen. Dazu aber später mehr!

Es war nicht Lemaître selbst, sondern seine fachlichen Gegner, die sein Axiom von der explosionsartigen Entstehung des Weltalls abschätzig als „Urknalltheorie" bezeichneten. Auch Einstein lehnte es anfangs ab, weil seine Affinität zur biblischen Konzeption der Welterschaffung es der Naivität verdächtig machte und weil es physikalische Konsequenzen hatte, die nicht weiter erklärt werden konnten, wie bspw. eben die so benannte Singularität. Der Streit über das Für und Wider von Lemaîtres Auslegung der Weltallentstehung hielt über mehrere Jahrzehnte an, bis es ihm schließlich gelang, Einstein von seiner Theorie zu überzeugen, indem er sie ihm eindringlich darlegte, von Angesicht zu Angesicht.

Das Lemaître-Universum gemäß Urknalltheorie, das heißt das Standardmodell der Kosmologie, hat sich durch die Anerkennung solcher Sachkenner wie Einstein also letztlich durchgesetzt in der Frage, wie das All entstanden ist und wie es sich fernerhin entwickelt hat. Der Begriff des Urknalls selbst wurde von Fred Hoyle geprägt. Der Brite sprach 1949 in einer BBC-Radiosendung ironisch vom „Big Bang", um die Vorstellung absurd (knallköpfig) erscheinen zu lassen, das Universum habe mit einem „großen Knall" quasi aus Nichts beziehungsweise aus fast Nichts heraus begonnen, das heißt durch eine Explosion eines einzigen Atoms, des „primordialen Atoms" oder „Uratoms" laut Lemaître.[13]

---

13 Die Verfechter des kosmologischen Standardmodells gehen heute mehrheitlich immer noch davon aus, dass das Universum aus dem materiellen Nichts entstanden ist, und bringen dazu etwa die fachprominenten „Vakuumfluktuationen" in begründende Stellung. Ein weiteres Geschütz, welches die Energieerhaltungsregel durchbrechen und also Masse aus dem Nichts generieren soll, sind die „virtuellen Teilchenpaare". Zur Zauberei damit später noch mehr!

Diese Idee war in Hoyles (wie in Einsteins frühen) Augen eine zu simple Auffassung, um sich den Anfang aller Welt zu erklären. Sie war eben dubios gut mit der theologischen Deutung in Einklang zu bringen, dass ein vernünftiges Allmachtswesen wie Gott die Welt beziehungsweise das Weltall aus dem Nichts heraus planmäßig zur Entstehung brachte, von heute auf morgen sozusagen. Zur Vergleichbarkeit von Lemaîtres Urknall-Theorie mit christlicher Weltentstehungs-Theologie (Genesis) bedenke man, dass diese Theorie im November 1951 von der *Päpstlichen Akademie der Wissenschaften* offiziell anerkannt wurde. Und zwar mit dem Segen des damaligen Papstes (Pius XII.), der den festgelegten Anfang des Weltalls qua Urknall freilich mit dem göttlichen Weltschöpfungsakt identifizierte, bei seinem abschließenden Statement auf der entsprechenden Tagung.

Um ihn gemeinsprachlich auszudrücken, sei der kosmologische Standardentwurf samt Urknalltheorie zunächst durch einen bündigen Dialog zwischen zwei guten Bekannten wie folgt dargelegt. Den Fragenden stelle man sich dabei als einen skeptischen, aber interessierten Laien an der Sache der Kosmologie vor und den Antwortenden als einen fest überzeugten Experten vom kosmologischen Standardmodell, der es schlicht zu erläutern versucht:[14]

Fragender: „Was meint man eigentlich mit dem Standardmodell der Kosmologie? Bring mir das doch mal verständlich nahe!"

---

14 Es sei an dieser Stelle anmerkend darauf hingewiesen, dass mein Vorbehalt gegen das kosmologische Standardmodell mit Sicherheit auch durch scheinbar naive Fragen von Schülern erwachsen ist, die sie mir zum Unterricht an Hochschulen gestellt hatten; z. B. diejenige Frage, warum sich Galaxien eigentlich drehen. Meine eigenwillige Interpretation zur Galaxienrotation werde ich später im Text noch zum wissenschaftlich Besten geben. Überhaupt baue ich kosmologisch wieder mehr auf ein „naives Wirklichkeitsverständnis", das Hawking brandmarkte, indem er behauptete, es sei nicht mit der modernen Physik zu vereinbaren.

Antwortender: „Ja, gern. Das kosmologische Standardmodell wird unter Experten professioneller als Lambda-CDM-Modell bezeichnet. Es besagt, dass das Weltall vor langer Zeit, das heißt genauer vor fast 14 Milliarden Jahren, wie aus dem Nichts explosionsartig entstanden ist und sodann bis zu seiner heutigen Größe herangewachsen ist. Durch jenen sogenannten Urknall ist plötzlich das ganze Universum – der Raum, die Zeit und überhaupt alles, was es an Materie und Energie darin gibt – innerhalb des Bruchteils einer Sekunde entsprungen. Diesen extrem kurzen Prozess bezeichnet man als die erste Inflationsphase des Universums, in der es nach Berechnung aberbillionenmal größer wurde. Danach expandierte das Weltall laut Theorie viel langsamer, wobei es immer mehr abkühlte.“

Fragender: „Hört sich ja verrückt an, dass aus dem Nichts mit einem Schlag alles hervorgegangen sein soll, was es im Weltall gibt! Das klingt nach einem urgewaltigen Schöpfungsakt Gottes. Woher meinen die kosmologischen Standardtheoretiker das mit dem Urknall denn sicher zu wissen?“

Antwortender: „Ausgehend von den Einsichten eines Theologen und Astrophysikers namens Georges Lemaître. Er hat aufgrund der so benannten Rotverschiebung des Lichts von Galaxien erstmals folgerichtig auf ein ständiges Anwachsen des Universums geschlossen und dementsprechend einen Anfangspunkt für seine Entstehung gesetzt. Damit man sich etwas darunter vorstellen kann, nannte er diesen Punkt „Uratom“, fachmännischer auch „primordiales Atom“ oder, bildlicher formuliert, „kosmisches Ei“. Vom Prinzip her ist in diesem Atom beziehungsweise Ei die gesamte im Universum vorhandene Materie in äußerst hoher Dichte schon vorhanden gewesen. Nach heutiger Kalkulation war das punktförmige Universum am Anfang der Welt so verschwindend klein, dass es viele Milliarden Mal in einen Atomkern passte; zudem Abermilliarden Grad heiß.“

Fragender: „Aha, etwas unvorstellbar dichtes, kleines und heißes also, das zu etwas ganz Großem heranwächst und dabei abkühlt! Aber nur durch einen nichtigen Punkt kann doch nichts dermaßen Riesiges und Massiges wie das Weltall entstehen?! Es kommt mir recht wunderlich vor, dass aus so einem winzigen Ding, noch viel kleiner als ein Atomkern, all das geworden wäre, was es im Kosmos gibt.“

Antwortender: „Das sei dahingestellt, aber die relevanten astronomischen Beobachtungen lassen physikalisch kaum einen anderen Schluss zu. Sie legen das kosmologische Standardmodell mit der These vom Urknall folgerichtig nahe.“

Fragender: „Inwiefern? Das möchte ich genauer wissen. Klär mich bitte auf!“

Antwortender: „Das Modell wird vor allem durch eine Entdeckung gestützt, die erstmals der Astronom Edwin Hubble machte, anno 1929. Ihm war aufgefallen, dass beobachtete Galaxien im relativ nahen Weltall, je weiter sie von uns entfernt sind, zunehmende Rotverschiebungen der Spektrallinien ihrer ankommenden Lichter zeigen, und zwar auf proportionale Weise. Gemäß dem Dopplereffekt von Wellen hat man das so zu interpretieren, dass sich alle anderen Galaxien mit der Zeit von unserer Galaxie wegbewegen, und das umso schneller, je weiter sie davon entfernt sind, weil sich die Geschwindigkeit je Galaxie mit der Entfernung eben entsprechend erhöht. Es stellt sich hier ein mit dem Abstand zunehmendes Tempo der Raumausdehnung ein, um es anders auszudrücken.

Demnach dehnt sich das Universum seit seinem Bestehen gleichmäßig aus, was mit der sogenannten Hubble-Konstante zum Ausdruck gebracht wird, ursprünglich jedoch Lemaître schon 1927 festgestellt hat. Gefolgert auf den vermeintlichen Anfang jenes Geschehens hat als Erster ebenfalls Lemaître, indem er den Beginn des Weltalls durch den Ausbruch aus dem ‚kosmischen Ei‘ als These zu bedenken gab. Er begründete sie schon in Bezug auf die Rotverschiebung des Lichts von Galaxien, auf die erstmals der amerikanische Astronom Vesto Slipher aufmerksam geworden ist. Lemaître hatte behauptet, dass die Geburt des Alls explosionsartig vonstattenging, woraus sich später der Begriff des Urknalls herleitete. Man darf sich den Urknall aber nicht so vorstellen, dass mit dem Beginn aller Welt etwas körperlich geknallt hätte, denn Schall benötigt Materie verteilt in Raum und Zeit, um sich ausbreiten zu können. Im Uratom, aus dem der Urknall hervorgegangen ist, war hingegen noch alles quasi unendlich zum Nichts hin komprimiert, zu einem substanzlosen Punkt nach Theorie.“

Fragender: „Okay, begriffen, aber das mit der Rotverschiebung und dem Dopplereffekt hab ich noch nicht ganz verstanden. Erklär mir das doch bitte nochmal einfacher, warum die Sachverhalte auf die Ausdehnung des Alls hindeuten.“

Antwortender: „Natürlich, gern. Stell dir vor, wir beobachten zusammen per Teleskop eine Galaxie. Das Licht der Galaxie gelangt also in das Instrument, wellenartig, wie es sich für Licht in der Konstellation gehört. Und nun mach dir Folgendes klar: Nur unter der Voraussetzung, dass der Raum dazwischen sich mit der Zeit ausdehnt, die Galaxie sich also von uns wegbewegt, werden ihre Lichtwellen, die hier bei uns auf der Erde ankommen, gestreckt. Und das heißt physikalisch, sie verschieben sich in Richtung Rot auf der Skala der Spektralfarben des Lichts. Somit spricht man hier von einer Rotverschiebung.

Je weiter weg eine Galaxie von uns ist, desto mehr rotverschoben zeigt sich ihr ankommendes Licht hier. Das deutet unstreitig darauf hin, dass sich Galaxien umso schneller von uns entfernen, je weiter sie weg sind und des Weiteren auf eine Ausdehnung des gesamten Universums. Ihre ankommenden Lichter müssten eigentlich weiß sein, wenn sich die Entfernungen zwischen uns und den besehenen Galaxien nicht ändern würden. Falls die Entfernungen kleiner werden würden, nähmen wir die ankommenden Lichter blauverschoben wahr. Da sie aber ins Rote hin verschoben sind, können wir mit Sicherheit davon ausgehen, dass sich die Galaxien von uns wegbewegen. Gemäß dem Dopplereffekt strecken sich die betreffenden Lichtwellen nämlich durch die Vergrößerung des Abstandes zwischen den beobachteten Galaxien und uns, den Beobachtenden.

Definitionsgemäß meint man mit dem Dopplereffekt die zeitliche Stauchung oder Dehnung eines Signals bei Veränderungen des Abstandes zwischen Sender und Empfänger während der Dauer des Signals. Neben dem Licht tritt der Dopplereffekt, bezogen auf Hörende, auch bei Schallwellen auf. Du kennst ihn hier bestimmt selbst direkt am Beispiel eines vorbeifahrenden Krankenwagens mit tönendem Martinshorn. Solange das Fahrzeug auf dich zukommt, ist der Ton des Horns erfahrungsgemäß doch hoch und schrill – und wird nach dem Vorbeifahren schlagartig tiefer. Schallwellen breiten sich von einem unbewegten Objekt zwar schön kreisförmig um die zentrale Schallquelle aus, ist nun die

Schallquelle aber bewegt – wie das Horn eines fahrenden Krankenwagens – dann werden die Schallwellen in Fahrtrichtung zusammengeschoben, also gestaucht. Damit ändert sich auch der Ton für einen in dieser Richtung stehenden Hörer, das heißt seine Frequenz wird höher. Entfernt sich der Wagen samt Martinshorn nach dem Passieren vom Hörer, dann werden die Schallwellen des Horns, die an sein Ohr gelangen, auseinandergezogen, ergo gedehnt – der Ton wird folglich tiefer.“

Fragender: „Gut, ich danke dir! Ich habe jetzt verstanden, warum das Weltall angeblich beständig wächst. Weshalb es sich ganz am Anfang aber explosionsartig ausgebreitet haben soll, habe ich noch nicht wirklich kapiert.“

Antwortender: „Das mit dem Urknall ist ja auch eine hoch komplizierte Sache. Lemaître hat ihn uns zwar eher bildlich beschrieben, aber mathematische Überlegungen dazu von späteren Fachgelehrten legen letztlich eine gewaltige Vakuumenergiedichte negativer Art nahe, die das Universum anfangs extrem rasch expandieren ließ. Dies passt auch gut mit der Entdeckung der sogenannten Mikrowellenhintergrundstrahlung zusammen. Die stammt nämlich mit Sicherheit aus der Frühzeit des Weltalls, als es so weit ausgedehnt und abgekühlt war, dass Licht sich von Materie lösen konnte. Vorher ist es dafür noch zu dicht und zu heiß gewesen im Universum. In Einklang miteinander gebracht, sind die beiden Entdeckungen der Mikrowellenhintergrundstrahlung und der Rotverschiebung des Lichts von Galaxien ein kaum schlagbarer Beleg für das Urknallmodell eines expandierenden Alls.“

Fragender: „Okay, ich nehme dir das fürs Erste ab! Schließlich bist du ein Experte auf dem fraglichen Gebiet. Eins würde mich in dem Zusammenhang aber noch interessieren: Wie schnell dehnt sich das Weltall denn aus? Kann man dafür eine Geschwindigkeit angeben?"

Antwortender: Ja, und zwar 67,15 Kilometer pro Sekunde und Megaparsec. Diese sogenannte Hubble-Konstante besagt, dass zwei Punkte im Weltall, die 3,26 Millionen Lichtjahre voneinander entfernt sind, von einer Sekunde auf die andere weitere 67,15 Kilometer Abstand zwischen sich legen. Obwohl dieser Wert Hubble-Konstante genannt wird, bleibt er nicht gleich, sondern erhöht sich mit der Zeit, denn die Ausdehnung des Universums beschleunigt sich, nach heutigen astronomischen Beobachtungen. Man schließt daraus, dass es eine Kraft im All geben muss, die immer schneller alles darin auseinandertreibt. Diese Kraft nennt man Dunkle Energie, denn man weiß nicht, was sie wirklich ist und woher sie kommt."

Fragender: „Aha, man weiß das also nicht – aber geschenkt, mit dem Namen gibt man es zu. Ich habe noch eine andere Frage zum Thema: Nehmen wir mal an, dass das mit der Explosion aus dem winzig Kleinen und der anschließenden Ausdehnung des Weltalls ins Riesengroße stimmt, wo hat sich jener Urknall denn abgespielt, wenn ich fragen darf?"

Antwortender: „Das darfst du, denn es ist eine naheliegende Frage, wenn auch etwas naiv. Aber vor der Antwort darauf erzähle ich dir der Vollständigkeit halber, wie es mit der Entwicklung des Weltalls nach dem Urknall genauer weiterging.

Durch den Urknall hat sich die anfängliche Materie, ein hochenergetisches Plasma, mit einer gigantischen Ausgangswucht atemberaubend schnell rundum verteilt. Danach ist das Universum wesentlich langsamer herangewachsen und hat sich dabei immer mehr abgekühlt. Bereits nach ein paar Minuten Ausbreitung war jenes Plasma kühl genug, dass sich Atomkerne darin bilden konnten. Es herrschte allerdings noch eine solche Dichte im damaligen Weltall vor, dass Lichtwellen sich nicht zwischen Atomkernen und freien Elektronen ausbreiten konnten. Vielmehr wurden Lichtteilchen von diesen nur hin- und hergeschubst, wodurch sie wellenartig nicht vom Fleck kamen, und zwar für sage und schreibe 380.000 Jahre.[15] Danach jedoch hatte sich das Universum so weit ausgedehnt und also abgekühlt, dass sich die vereinzelten Materieteilchen zu ganzen Atomen verbinden konnten. Und das wiederum schaffte Platz für Lichtwellen, um sich nunmehr frei bewegen zu können. Sie konnten sich ab dieser sogenannten Materie-Licht-Entkoppelung des Alls im Raum ausbreiten, prinzipiell von überall her nach überall hin. Diese damals entstandenen Strahlen, so die allgemeine Überzeugung, sind heute noch messbar, generell im ganzen Universum, nach ca. 13,8 Milliarden Jahren. Es handelt sich hierbei eben um die besagte Mikrowellenhintergrundstrahlung. Sie war das erste Licht mit den derzeit längsten und kühlsten Wellen überhaupt, die das Weltall zu bieten hat. Dieses strahlenartige Nachglimmen des Urknalls sozusagen entspricht einer Temperatur von nur 2,7 Kelvin – also 2,7 Grad über dem absoluten Temperaturnullpunkt von minus 273 Grad Celsius.

---

15 Die Logik der Quantenphysik schreibt dem Licht bekanntlich eine Doppelnatur vor (Welle-Teilchen-Dualismus). Licht muss demnach sowohl aus Wellen als auch aus Teilchen bestehen können. Die Quantentheoretiker haben dafür ein eingängiges Bild parat: Licht kommt im Einzelnen als Teilchen (Photon) zur Welt, lebt als Welle und stirbt schließlich wieder als Teilchen.

So, jetzt kennst du die Anfangsgeschichte von der Entstehung und Ausbreitung des Universums gründlicher. Aber nun zurück zu deiner Frage, wo sich der Urknall denn ereignet hat: Nirgends und überall, könnte man als Antwort paradoxerweise sagen, denn durch den Urknall ist der Raum samt Zeit erst entsprungen. Der Urknall vor der Entfaltung des Weltalls hat aus einer sogenannten Singularität heraus stattgefunden, die sich örtlich und zeitlich eigentlich nicht festlegen lässt. Singularitäten sind per definitionem nämlich unmöglich zu beobachtende Existenzen außerhalb der kosmischen Raumzeit, für die keine bekannten physikalischen Gesetze gelten. Das trifft im Grunde auch auf alle sogenannten Schwarzen Löcher im Universum zu, die quasi hinter allem erfahrbaren Geschehen je nur eine punktförmige Singularität bilden, zumindest im Kern. Singularitäten gibt es im Universum überall dort, wo die Eigengravitation von unerforschlichen Massen so groß – beziehungsweise die Raumzeit um unerforschliche Massen gemäß Einstein dermaßen gekrümmt – ist, dass keine Signale aus ihnen entkommen können, die auf die Wesensart der Singularitäten hinweisen könnten. Wie dir sicherlich schon bekannt ist, hat sich Einstein klar von Newton abgesetzt und eine alternative Deutung der Gravitation bereitgestellt. Mit Einsteins Relativitätstheorie geht man davon aus, dass die Raumzeit qua Massen gekrümmt ist. Bei immer höher verdichteten Massen, bis ganz zurück an den Beginn, müsste die Raumzeitkrümmung darum logisch gegen das maximal Mögliche gehen, so dass am Ende nur noch ein unbestimmter Punkt übrigbleibt beziehungsweise laut Lemaître ein Uratom am Anfang des Weltalls vor dem Urknall.“

Fragender: „Man weiß also auch nicht, was es mit diesen Singularitäten genau auf sich hat. Die Physiker glauben viel zu wissen, stoßen aber trotz kniffligster Kalkulationen auf viel Unwissen in ihrem Fach. Kann man wenigstens sagen, wo sich diese erste Singularität vor dem Urknall ungefähr aufgehalten hat?“

Antwortender: „Ja, logischerweise im Bereich der geometrischen Mitte des Universums, denn von jener Singularität aus hat sich durch den Schwung des Urknalls vermutlich alle Materie in alle Richtungen ziemlich gleich weit ausgebreitet.“

Fragender: „Dann ist das Universum von seiner räumlichen Ausdehnung her also eine Kugel, nicht wahr?“

Antwortender: „Darauf lässt sich folgerichtig schließen. Astronomische Beobachtungen deuten jedoch darauf hin, das All sei eher flach ausgedehnt. Das liegt vermutlich gerade daran, dass seit dem Urknall und folgender Ausdehnung sich alle Materie mit der Zeit am Raumrand des Universums rundherum angesammelt hat. Sichtet man nun die entsprechenden Himmelskörper, soweit es mit technischer Hilfe geht, erscheinen sie tendenziell in der Fläche angesiedelt, von unserem Raumzeitpunkt aus gesehen – und, wegen begrenzter Beobachtungsmöglichkeit, nicht gekrümmt verstreut entlang der ganzen Hülle der Weltallkugel sozusagen.“

Fragender: „Aha, schon wieder nur eine Vermutung und nichts Gewisses, was du da von dir gibst vom Fach! Die These konsequent zu Ende gedacht, müsste heute wohl ein unvorstellbar großer rundlicher Leerraum zwischen der aufgelösten Singularität vor dem Urknall und der Ausbreitung ringsum von Materie am Rand des kugeligen Weltalls sein; stimmt das?“

Antwortender: „So hat man sich das der Wahrscheinlichkeit nach vorzustellen. Aber ganz sicher weiß man das nicht wegen der gigantischen raumzeitlichen Ausmaße des Kosmos und unserer begrenzten Beobachtungskapazität von ihm. Die stete technische Verbesserung von Satelliten, Raumsonden und Teleskopen wird aber bestimmt noch empirischen Aufschluss darüber geben und das kosmologische Standardmodell dabei weiter stützen.“

Fragender: „Nun gut, man wird sehen.“

Soviel fürs Erste zu einem sinnfälligen Dialog im Kontext des Textes über einen relativ schwer verständlichen Stoff. Lassen Sie mich nun, sozusagen als ausgewiesenen Kenner der Materie, weiter recht fachmännisch, aber hoffentlich nicht unverständlich, darüber berichten, wie sich meine bahnbrechende Kosmologie gegenüber traditionellen Interpretationen zur Entstehung und Entwicklung des Weltalls vorteilhaft ausnimmt. Dazu ist es angesagt, zunächst kurz auf eine Theorie einzugehen, die der wissenschaftlich provokante Fred Hoyle in die kosmologische Waagschale geworfen hat.

Es ist eine berühmte Ironie des Schicksals, dass der von Hoyle abwertend ins Leben gerufene Begriff des Urknalls seine eigene Idee eines ausgewogenen Universums (Steady-State-Theorie!) weit überflügelt hat, und zwar hauptsächlich wegen des Aufspürens der so benannten Mikrowellenhintergrundstrahlung. Stephen Hawking brachte den Hergang einstmals bildlich auf den Punkt, als er meinte, dass die Entdeckung eben der Mikrowellenhintergrundstrahlung und die Vermutung, dass diese Strahlung mit dem Urknall in Verbindung zu bringen ist, der letzte Nagel im Sarg der Steady-State-Theorie gewesen sei.

Die Steady-State-Theorie wurde Ende der 1940er-Jahre von Hoyle und seinen Freunden vom Fach, dem Kosmologen Hermann Bondi und dem Astrophysiker Thomas Gold, als Alternative zur Urknalltheorie entwickelt. Sie besagt, dass sich das Universum in einem Zustand der Gleichartigkeit befinde, in dem die kontinuierliche Erzeugung von Materie (Wasserstoffatome) aus dem Nichts die Ausdehnung des Weltalls bewirke und nicht irgendeine ursprüngliche Explosion (Urknall!) als erster Grund dafür anzunehmen sei. Dieser Logik zufolge expandiert der Kosmos zwar, die Dichte der gesamten Materie in ihm ändert sich dabei allerdings nicht, da ein möglicher Dichteverlust betreffs der faktischen Raumausdehnung des Universums durch die Entstehung neuer Materie verhindert wird – eben homogen über den gesamten Weltraum hinweg. Diese Vorstellung lässt sich mit meiner These von der allmählichen Auflösung des Ursprungsschwarzloches durch Strahlungs- und geballter Urmaterieabgabe (Hawking-Strahlung und Ur-Jets!) an die lichte Welt passabel in Einklang bringen. Aber zur Ähnlichkeit und Andersartigkeit meiner kosmologischen Theorie gegenüber derjenigen Hoyles folgt später noch Genaueres.

Leider verlor Hoyles einst geachtete Steady-State-Theorie ab den 1960er-Jahren an Zustimmung, nachdem astronomische Beobachtungen – vor allem eben die der Mikrowellenhintergrundstrahlung – die Urknalltheorie vermeintlich sicher bestätigt hatten. Im Zuge der allmählichen Verbreitung meiner Kosmologie gewinnt die weithin verdrängte Steady-State-Theorie jedoch wieder an Ansehen; als Vorarbeit auf der richtigen Fährte aus alten Tagen sozusagen, die durch meine Theorie gewissermaßen zu einer widerspruchsfreien Vollendung gebracht wurde (oh, ich Angeber). Vordem wurde die Steady-State-Theorie nur noch von einer kleinen Minderheit an Experten ernst genommen, die damals gleichwohl die empirischen Anzeichen für eine gewaltige Ausdehnung des Universums von einer einzigen Stelle aus nicht ernsthaft in Abrede stellen konnten. Das Aufspüren des äußerst einheitlichen Phänomens der Mikrowellenhintergrundstrahlung vor bald 60 Jahren lässt kosmologisch nämlich kaum einen anderen Schluss zu, als dass das Universum in seinen Anfangszeiten wesentlich homogener war als derzeit, das heißt sehr viel kleiner, heißer und dichter.

All diese Eigenschaften des embryonalen Weltalls gleichsam werden aber nicht nur vom klassischen Urknallmodell bedient, sondern auch von meinem Entwurf vom Beginn des lichten Universums, wie später im Einzelnen auszuführen sein wird. Das macht es unter anderem so schwierig, meine alternative Weltentstehungstheorie fachlich von der Hand zu weisen. Schließlich ist es eine Tatsache, dass natürlich auch die noch vielen Anhänger der traditionellen Urknalltheorie umso weniger in sichere Erfahrung bringen können, je weiter sie in die Zeit heißester und dichtester Zustände des Alls zurückforschen.

Spätestens bei der inneren Temperatur von Sternen und bei der Dichte von Atomkernen sind die Grenzen erreicht, hinter denen die Physik zu einer rein spekulativen wird, weil darüber hinaus unmöglich Beobachtungen gemacht werden können, die diese Wissenschaft da empirisch stützen könnten. Mit der Theorie von der extrem rasanten Ausdehnung des Universums unmittelbar nach dem vorausgesetzten Urknall (Inflationstheorie!) hat man diese Grenzen um ein Weites überschritten. Was es mit der bildlichen Rede vom Urknall wirklich auf sich hat und, ihn mal angenommen, was direkt danach geschah, kann also kein Mensch sicher sagen. Zwar gibt es selbstredend weitreichende physikalische Berechnungen dazu, jedoch bewegen sich diese im Reich losgelöster Abstraktion. Ebenso unklar wie die Ursache der vermeintlich immensen Startexpansion des Alls ist im Rahmen des kosmologischen Standardmodells übrigens der Grund für das Ende dieser Inflationsphase.

Vor meinem Aufgebot an zyklischer Logik zum kosmischen Geschehen war die theoretische Physik längst in eine Sackgasse abstrakter

Rechnerei geraten, in eine Wirrnis aus Arithmetik, Algebra und Geometrie quasi. Eingedenk seines Anklangs ist mein kosmologisches Theoriegebäude wohl ein attraktives Sprachbilderwerk zur möglichen Orientierung aus physikalischen Irrwegen. Es ist eine paradigmatische Einladung zu einem gedanklichen Generationswechsel innerhalb der theoretischen Physik, die offenbar zunehmend angenommen wird. Dieser Tendenz kann auch der Vorwurf eines bodenlosen Theoretisierens von gegnerischer Seite aus ersichtlich nichts anhaben. Wir Kosmologen sind schließlich die Spekulanten-Könige im Dienste der Wissenschaft Physik, die historisch erwiesen neue Denkwege durchgreifender Art aufzeigen können, wenn sich alte als abwegig herausgestellt haben – klassisches Beispiel dafür: die kopernikanische Wende, die Johannes Kepler zur Formulierung der ehernen Gesetze der Planetenbewegungen geführt hat aufgrund seiner Auswertung der Beobachtungsdaten zu jenen Bewegungen seines Mentors Tycho Brahe.

Was hat es indes mit dieser empirisch erhaschten Mikrowellenhintergrundstrahlung genauer auf sich? Nun, es handelt sich dabei um elektromagnetische Strahlung im Mikrowellenbereich, die weder von der Erde noch von anderen bekannten Himmelskörpern ausgeht, sondern offenbar aus weitester Ferne in Raum und Zeit stammt („Hintergrund"!). Die Mikrowellenhintergrundstrahlung wird wegen ihrer herausragenden Bedeutung für die Kosmologie häufig auch „kosmische Hintergrundstrahlung" genannt oder einfach als „Mikrowellenhintergrund" bezeichnet. Hypothetisch gab es die Mikrowellenhintergrundstrahlung schon vor ihrer Entdeckung, denn sie wurde in den 1940er-Jahren von den Fachgrößen George Gamow, Ralph Alpher und Robert Herman vorhergesagt, eben als Folge eines Urknalls Lemaîtrescher Bestimmung und anschließender Expansion des Alls. Die prompte Auffindung selbst erfolgte später (1964) zufällig durch die Kapazitäten Arno Penzias und Robert Woodrow Wilson während eines Testes einer neuen Antenne, die für Experimente mit Erdsatelliten gebaut worden war.[16]

Vor dem Aufspüren der kosmischen Hintergrundstrahlung wurde das auf Lemaître zurückgehende Standardmodell der Kosmologie bereits durch ein anderes Strahlenphänomen befördert, wie im vorgängigen Dialog schon dargelegt. Und zwar hat der US-amerikanische Astronom Edwin Hubble durch teleskopische Beobachtungen von hinreichend vielen Galaxien schon 1929 festgestellt, dass ihre ankommenden Lichter in der Regel zum roten Bereich des Farbspektrums hin verschoben waren, und das unterschiedlich stark, das heißt je weiter weg die observierten Galaxien jeweils waren, desto stärker zeigten sich die Rotverschiebungen ihrer gesendeten Lichter in puncto Spektralfarben. Daraus hat Hubble aufgrund des Doppler-Effektes den Schluss gezogen, dass sich alle Galaxien allmählich von uns (Erde) wegbewegen, und zwar umso schneller, je weiter sie jeweils davon entfernt sind, da sich ihre Geschwindigkeiten mit ihren Entfernungen eben entsprechend erhöhen. Demnach dehnt sich das Universum, so eine spätere Schlussfolgerung zu jener attestierten Galaxienflucht, seit seinem Bestehen kontinuierlich aus (proportional nach Hubble: Hubble-Konstante!). Wenn es gleich groß bliebe oder sich gar zusammenziehen würde, wären die ankommenden Lichter beobachteter Galaxien schließlich farbspektral in der Regel nicht verschoben (d. h. weiß) beziehungsweise blau verschoben.

---

16 Extraterrestrisch, d. h. auf einer Umlaufbahn um die Erde von ca. 900 Kilometern Höhe wurde die kosmische Hintergrundstrahlung erstmals von den Detektoren des dafür eingesetzten (1989-1993) NASA-Satelliten COBE (*Cosmic Background Explorer*) aufgespürt, woraus sich eine relativ genaue, hübsch eingefärbte Aufnahme der Temperaturverteilung der Strahlung ergab. Das Bild wurde seinerzeit vom Leiter des COBE-Projektes George Smoot auf der betreffenden NASA-Pressekonferenz gar als „Antlitz Gottes" bezeichnet. Wer sehen will, wie dieses aussieht, der öffne folgende Webseite: https://de.wikipedia.org/wiki/Cosmic_Background_Explorer#/media/File:COBE_cmb_fluctuations.png

Gemäß weiterer Überlegungen zum Phänomen hat man sich fachlich darauf geeinigt, dass relevante Rotverschiebungen viel weniger durch den Doppler-Effekt erwirkt werden als vielmehr dadurch, dass in einem expandierenden Weltraum die Abstände zwischen astronomischen Objekten mit der Zeit eben zunehmen. Denn damit dehnen sich unweigerlich auch die Wellenlängen ihrer Lichtstrahlen (elektromagnetische Wellen) zueinander aus, wodurch sie sich für Betrachtende spektral ins Rote verschieben. Die Tatsache des Doppler-Effekts dient gleichwohl dazu, die angehende Wirkung grundlegend zu verstehen, weshalb hier nochmals kurz auf ihn verwiesen ist: Als Doppler-Effekt wird ein physikalischer Effekt bezeichnet, betreffs dem sich die Wellenlänge (Frequenz) eines Signals ändert, wenn sich Sender und Empfänger einander nähern oder voneinander entfernen, sich also der Abstand zwischen ihnen verändert. Auf das Licht übertragen besagt der Doppler-Effekt bspw., dass blauverschobenes hochfrequentiertes Licht einem stationären Beobachter eine Bewegung des observierten Objektes auf sich zu anzeigt. Ist dagegen das ankommende Licht eines Beobachtungsobjektes zum roten Bereich des Farbspektrums hin verschoben, weist dies auf eine von uns weg gerichtete Bewegung hin. Der nach seinem Entdecker Christian Doppler bezeichnete Effekt lässt sich sowohl für Licht- als auch für Schallwellen feststellen.

Aber nun zurück zur kosmischen Hintergrundstrahlung, die traditionsgemäß keinem bestimmten Himmelskörper zuzuordnen ist, weil sie aus jeder Region des Himmels kommend nachgewiesen werden kann. Letzteres deutet auf eine Uranfänglichkeit dieses Lichtes hin. Es stammt angeblich aus der Zeit etwa 380.000 Jahre nach dem mutmaßlichen Urknall. Davor, so die Standard-Theorie dazu, war das Weltall noch zu dicht zusammengedrängt, als dass sich Strahlen von der Urmaterie hätten ablösen können. Diese angenommene Dichte lässt freilich zudem auf einen äußerst heißen Urzustand des vorlichten Universums aus jenem „Plasma" schließen, das, grob unterschieden, aus negativen Elektronen, positiv geladenen Protonen und relativ wenigen Heliumkernen bestanden haben soll. Die Eigenbewegungen dieser Teilchen waren, so die Vermutung, in der dichten Hitze nach dem Urknall noch zu kraftvoll, als dass die elektrischen Anziehungen zwischen ihnen sie schon zum Zusammenschluss hätten bewegen können. Im Zuge der anfänglichen Ausdehnung des Universums jedoch setzte die Abkühlung jener auch sogenannten Protomaterie ein, was Elektronen und Protonen dazu veranlasst habe, sich zu Wasserstoffatomen zu vereinigen, und die wenigen Heliumkerne dazu, sich je zwei Elektronen zur Sättigung einzufangen.

Diese erste teilchenphysikalische Verknüpfung von Materie bedeutete in der Folge gemäß gängiger Urknalltheorie, dass sich Photonen aus der Urpampe der Teilchen lösen konnten. Es war der Anbeginn des Lichtes, der damit gegeben gewesen sei. Fachlich spricht man hier von der „Entkoppelung von Licht und Materie", die sich eben zirka 380.000 Jahre nach dem vermeintlichen Urknall ereignet haben soll. Während Photonen (Lichtteilchen) als elektromagnetische Strahlen (Lichtwellen) im dichten Urplasma noch nicht zur Entfaltung gekommen seien, hätten sie die entsprechend abgekühlte, zu elektrisch neutralen Atomen gebundene Materie rundweg durchflutet, wodurch das Universum „durchsichtig" geworden sei, im Einzelnen also prinzipiell anschaubar. Die Temperatur dabei sei zwar bereits auf etwa 3.000 Kelvin (ca. 2.727 Grad Celsius) gesunken, wäre aber für Lebensverhältnisse freilich noch recht ungemütlich gewesen. Die entsprechende Höllenwelt damals, so die kosmologische Standardauslegung dazu, tritt aus heutiger Sicht per Teleskop nur noch als eine bestimmte Hintergrundstrahlung unter anderen Strahlungen in Erscheinung, eben als jene bestehend aus Mikrowellen.

Die Expansion des Universums bis dato, so die Standardtheorie darüber, habe jenes Anfangsglühen des bereits durchsichtigen Alls lichtwellenlängenmäßig um den überwältigenden Faktor von ca. 1.100 in den Mikrowellenbereich hinein verlängert. Solche Verlängerungen fasst man eben unter dem Begriff der Rotverschiebung das Licht betreffend zusammen. Die gewaltige Ausweitung des Weltalls habe gemäß Streckung der Raumzeit entsprechend auch eine starke Dehnung der Wellenlänge des ersten Lichtes verursacht, also eine weite Verschiebung ins spektral Rote. Astronomisch zu beobachten ist dieses Licht heute als besagte kosmische Hintergrundstrahlung. Sie ist aus jeder Richtung des Himmels äußerst gleichförmig wahrnehmbar, was einhellig als Beleg dafür gewertet wird, dass sie nicht von einzelnen Lichtquellen wie etwa Galaxien stammen kann.

Diese (an sich schöne) Homogenität ist es aber auch, die Experten der Standard-Kosmologie zum Zweifeln (wenn nicht zur Verzweiflung) bringt. Die Daten zum Mikrowellenhintergrund seien nämlich schlichtweg zu perfekt, als dass sie darauf schließen lassen könnten, dass aus dem anfänglichen Universum irgendwann Galaxien hervorgegangen sind. Dazu seien, so die berechtigte Annahme, leichte Unregelmäßigkeiten in der Dichteverteilung des Alls ca. 380.000 Jahre nach dem „Urknall" nötig gewesen. Tatsächlich lassen sich aufgrund winzigster Temperaturschwankungen der kosmischen Hintergrundstrahlung – mit gutem Interpretationswillen – Dichteunterschiede beim entsprechenden Anfangsall ausmachen, jedoch nur in extrem geringem Maße. Schließlich zeigen sich jene Schwankungen erst ab der fünften Nachkommastelle der Messwerte, so eine Erkenntnis betreffs des Mikrowellenhintergrundes hinsichtlich der Ergebnisse, die das europäische Weltraumteleskop Planck den Fachleuten 2013 beschert hat. Aus diesen verschwindend kleinen Unterschieden in der Frühe des Weltalls sozusagen, so immerhin die Meinung nicht weniger Standardtheoretiker, lasse sich die spätere Galaxienbildung nicht erklären. Zur Auflösung dieses vermeintlichen Widerspruches musste, wie anderweitig schon des Öfteren in ihrer physikalischen Karriere, die „Dunkle Materie" herhalten: Wenn die damalige Normalmaterie (Helle Materie) nicht die nötigen Unregelmäßigkeiten per Strahlung zu erkennen gibt, dann müssen sie eben von der damaligen „Dunkelmaterie" hergerührt haben.

Diese (mysteriöse Materie) habe anfangs der Welt, so der theoretische Kniff, eine führende Rolle darin übernommen, sich mit der Zeit zu verklumpen und die bekannte (stinknormale) Materie sei ihr dabei dann brav gefolgt. Mancher Urknall-Kosmologe legte diese, durch nichts zu belegende Schlussfolgerung als neuerlichen Beweis für die Realexistenz der „Dunklen Materie" aus, wobei sie mitunter gar als „Baumeisterin des Universums" gepriesen wurde. So, und auf vergleichbar dünnen Weisen, laufen für gewöhnlich die Begründungen für die Wirklichkeit der „Dunklen Materie" und der „Dunklen Energie". Im konkreten Fall zog man einfach wieder mal behelfsmäßig eine altbekannte, aber ungewisse Einflussgröße (Parameter) heran, um Nicht-Wissen in vermeintliches Wissen zu verwandeln. Mit jener Vereinnahmung wusste man quasi, dass die Dichteschwankungen der damaligen „Dunkelmaterie" gerade so ausgeprägt gewesen sein mussten, dass folglich in weiter Raumzeit-Ferne sichtbare Galaxien in ihrer heutigen Ausprägung entstehen konnten. Im Laufe meiner wissenschaftlichen Sozialisation konnte ich mich des Eindrucks immer weniger erwehren, dass die zeitgenössische Physik gegenüber solchen sogenannten Schummelparametern (*fudge factors*) immer bedenkenloser geworden ist. Auch das war ein Grund dafür, dass ich damals, das heißt vor relativ kurzer Zeit, den Elfenbeinturm der Hochschule vorzeitig verlassen habe, die mich zuletzt eingestellt hatte. Dazu später indes Genaueres!

Die „Dunkle Materie" und die „Dunkle Energie" sind überhaupt die Adhoc-Meister (besser gesagt: die größten Lückenbüßer) in astrophysikalischer Begründungsnot. Sie fungieren als vielversprechende Vorab-Lösungen von astronomischen Rätseln im gedanklichen Kontext des kosmologischen Standardmodells. Die meisten heutigen Spezialisten dieses Zusammenhangs gehen mittels Überschlagsrechnungen immer noch davon aus, dass das Weltall zusammen zu sage und schreibe 95 Prozent von „Dunkler Energie" und „Dunkler Materie" dominiert wird, wobei sie über deren physikalischen Naturen freilich immer noch rundweg im „Dunkeln" tappen.[17] Der Vollständigkeit halber sei kurz angeführt, wie sich das Universum nach Masseanteilen gemäß Standardmodell der Kosmologie (Lambda-CDM-Modell) zusammensetzt: 68 Prozent Dunkle Energie, 27 Prozent Dunkle Materie und 5 Prozent normale („baryonische") Materie. Die baryonische Materie der prinzipiellen Sichtbarkeit besteht bekanntlich aus selbstleuchtenden (bspw. Sterne) und nicht selbstleuchtenden Komponenten (etwa Planeten oder kaltes Gas). Der Anteil der selbstleuchtenden Beteiligten beträgt dabei nur ca. 1/10 der normalen Materie.

Zum kosmologischen Einsatz der „Dunklen Materie" habe ich mit dem vorletzten Absatz schon ein Beispiel geboten, aber für was braucht man denn die errechnete Wucht an „Dunkler Energie" im Kosmos (68 %!)? Klassische Physiker, wie im ersten Dialog schon bemerkt, nehmen sie als Grund für die ansonsten nicht zu begreifende Ausdehnung der lichten Welt an, wie sie meinen. Sie setzen im All täppisch ein unbekanntes („dunkles") Energiefeld voraus, das durch seine universelle Wirkung den weitaus größten Anteil an Kraft im Weltall ausmache. Der entsprechende energetische Mega-Effekt sei es, der den Kosmos beschleunigend

---

17 Über ein dreiviertel Jahrhundert lang fahndet man standardmäßig bspw. schon ergebnislos nach dem Gehalt und Aufenthalt der „Dunklen Materie". Ich bin mir physikalisch ziemlich sicher, dass das eine Erfolglosigkeitsgeschichte bleiben wird; vergleichbar mit derjenigen des postulierten „Phlogistons", jenes nie dingfest gemachten Feuerstoffs, den die Chemie des 18. Jahrhunderts zeitlich ähnlich lang als Grund für jede Verbrennung voraussetzte.

erweitere. Jene „Dunkle Energie", die oftmals mit der nicht weniger geheimnisumwitterten „Vakuum-Energie" gleichgesetzt wird, wirke der dunklen und hellen Materie von Natur aus entgegen, die im Einzelnen durch die gegenseitige Anziehungskraft ihrer Körper (Massen) doch wesenhaft zueinander streben und also der Expansion des Weltalls entgegenwirken. Nach dem Kunstgriff der fachlichen Standardtheoretiker überwiegt hierbei die kosmische Abstoßungskraft („Antigravitation") der „Dunklen Energie", und zwar so, dass sich das Universum zunehmend ausdehnt, quasi bis in alle Ewigkeit.

Diesbezüglich drängte sich mir die Frage gemeinmenschenverständlich auf und sei daher rundweg gestattet, woher die „Dunkle Energie" denn bitte schön nach anschaulicher Wahrnehmung kommen soll, wenn sie keine Ausgeburt aus dem Nichts ist („Vakuum"). Hierzu gibt es aus den üblichen Fachkreisen keine überzeugende Antwort. Die kosmologischen Traditionalisten flüchten sich vielmehr für gewöhnlich in abstrakte Begrifflichkeiten, um etwas, das nach einer gegenständlichen Ausdeutung verlangt, schier aus dem Nichts herbeizuzaubern. Im Falle der „Dunklen Energie" bietet man hier, neben der „Vakuum-Energie", „Dunkelenergie" bspw. auch als Ergebnis der Fluktuationen eines „Skalarfeldes" an, das hochtrabend auch „Quintessenz" genannt wird. Das sind alles klingende Namen für ein Phänomen, das die Standardkosmologen wegen ihrer Denkbarrieren nicht in der Lage sind auszudeuten, im Rahmen meines kosmologischen Freidenkens aber begreiflich ist. Es lag überhaupt an meiner Kosmologie, bis heute gepflegte fachspezifische Theoreme mit einem Paukenschlag sozusagen der Absurdität preiszugeben. Eben dahingehend, dass ich mir im Kontext meiner Kosmologie vor allem die Steady-State-Theorie Hoyles und die Schwarzlochtheorie Hawkings aneignete, indem ich sie im Sinne allgemein geltender Emergenz, substantiell nachvollziehbar, gewissermaßen neu formulierte.

Was die Steady-State-Theorie betrifft, so ersetzte ich die standardtheoretische Annahme der „Dunkle Energie" durch Hoyles These eines laufenden Materiezuwachses des lichten Universums, und zwar aufgrund des Wirkens des derzeitigen Ursprungsschwarzloches. Was die Schwarzlochtheorie angeht, so übertrug ich Hawkings Vorstellung vom sich steigernden „Verdampfen" kleiner werdender Schwarzer Löcher auf mein angenommenes Ursprungsschwarzloch, das der Idee nach gleichsam als Ausgangsgenerator der lichtdurchfluteten Welt wirkt. Was die Emergenz anbelangt, so ließ ich das Gravitationsgesetz (Gravitationskonstante) für meine Theorie nicht durchweg gelten, sondern legte mir, speziell unter Massenbedingungen von Ursprungsschwarzlöchern, hypothetisch ein alternatives Bild gravitativen Wirkens zurecht. Genaueres dazu aber erst später!

Kehren wir nun zurück zum Problem der extrem homogenen Hintergrundstrahlung des Kosmos, um den argumentativen Faden schön der Reihe nach nicht zu verlieren. Ihre gemessene Gleichverteilung ist nach meiner theoretischen Überzeugung darauf zurückzuführen, dass es sich bei dieser Strahlung um einen verwandelten Bruchteil an Hawking-Strahlung eines urgewaltigen Schwarzen Loches als Quelle des lichten Seins handelt, eben unseres Ursprungsschwarzloches. Diese Herkunft ist es teils, die meiner Theorie zufolge die auffällige Homogenität der kosmischen Hintergrundstrahlung ausmacht. Sie ist demnach eine homogene Folgeerscheinung einer schon recht homogenen Vorgänger-Strahlung, eben der Hawking-Strahlung, deren Ausgangskörper das amtierende Ursprungsschwarzloch ist. Ihre nahezu volle Homogenität erlangt die Mikrowellenhintergrundstrahlung meines theoretischen Erachtens durch die vielen gravitativen Ablenkungen, die ihre Wellen auf dem langen Weg zur Erde bspw. über sich ergehen lassen müssen, so etwa durch astronomische Objekte wie Quasare, Galaxien, Sterne und Planeten. Die kosmische Hintergrundstrahlung wird also ursprünglich, so meine Ausdeutung, als bereits verhältnismäßig homogene Hawking-Strahlung ausgestrahlt und erstrahl, als mikrowellenartig verwandelter und gravitativ (raumzeitkrumm) gestreuter Restposten sozusagen, äußerst homogen auf Erden und desgleichen sonst wo im älteren lichtdurchfluteten All.

So weit, so gut möglich, aber wie ist es angesichts des schier vollkommenen Ebenmaßes der kosmischen Hintergrundstrahlung erklärlich, dass sich im Anfangsstadium des lichten Alls Materie strukturell zusammenschließen konnte, um sich des Weiteren sukzessive zu Galaxien auszuwachsen? Nun, im Rahmen meiner Theorie kann das relativ einleuchtend geschehen, denn sie rechnet ja nicht nur mit ziemlich homogener Strahlungsenergie aus dem Ursprungsschwarzloch, sondern ab und an auch mit chaotischen Masseausbrüchen aus ihm. Solche Jets aus dem Ursprungsschwarzloch waren es hypothetisch, welche die nötige stoffliche Unordnung in das entstehende Universum des Lichts brachten, um folglich letztlich ganze Galaxien hervorbringen, und zwar durch ihre (Jets) Verbindung mit und Anreicherung von materieverwandelter Hawking-Strahlung.

Meiner Kosmologie zufolge ist es also das urwüchsige Zusammenspiel von monoton austretender Strahlung (Hawking-Strahlung!) und impulsiv ausbrechender Massen (Ur-Jets!) aus dem Ursprungsschwarzloch, das die Entstehung und Verteilung der Galaxien im Weltraum einleitend bewirkt. Jenes Spiel ist quasi der taktgebende Urgrund zur Herausbildung der galaktischen Muster des lichtdurchfluteten Alls, wie sie betreffs Galaxien, Galaxienhaufen und Galaxiensuperhaufen erkannt werden. Astrophysikalisch gehe ich hierzu davon aus, dass sich die allermeiste Hawking-Strahlung recht zügig nach ihrem Austritt aus dem Ursprungsschwarzloch – wegen nachlassender Raumzeitkrümmung – in Materie verwandelt und sich daraufhin allmählich mit den ursprünglichsten Masseausbrüchen (Ur-Jets!), die als solche ebenfalls aus dem Ursprungsschwarzloch stammen, verbindet. Es bleibt bei jenem Verfestigungsvorgang, das heißt bei der Wandlung von Hawking-Strahlung in Materie, ein anderswelliges Flimmern dieser Strahlung übrig. Dieses Überbleibsel ist es, das prinzipiell im ganzen Universum der Sichtbarkeit als kosmischer Mikrowellenhintergrund wahrnehmbar ist. So und nicht anders will es jedenfalls mein abklärendes Theorem zur Herkunft der Mikrowellenhintergrundstrahlung. Warum sie in alle Himmelsrichtungen hin beobachtbar ist, obwohl ich sie einem bestimmten Ort der Entstehung zuschreibe, darüber werde ich später noch Aufschluss geben, in passender Textumgebung.

Die ersten Ur-Jets aus dem Ursprungsschwarzloch verursachten also die notwendigen materiellen Unregelmäßigkeiten im Auftakt-All des Lichts, so dass die Galaxienbildung in Gang kommen konnte, unter der Voraussetzung materieverwandelter Hawking-Strahlung vor Ort. Gemäß meiner Kosmologie wird dieses Geschehen anfangs bis heute durch Nachfolger-Ur-Jets am Laufen gehalten, und zwar sich peu à peu verstärkend und so lange, bis der Gehalt des Ursprungsschwarzloches vollständig aufgebraucht sein wird, wann immer das auch genau sein mag. Man darf hier trotz aller Urgewalt und Verstärkung ruhig von einem relativ geordneten Prozess ausgehen, denn das Universum weist eine beträchtliche großräumige Strukturgleichheit (Isomorphie) auf, nach unserem bisher erlangten teleskopischen Weitblick. Was das betrifft, so hat sich im Fach längst der Begriff des sogenannten kosmologischen Prinzips eingebürgert, das besagt, dass alle geformte Materie des Weltalls von jedem Punkt aus und in jede Richtung besehen auf großen Skalen merklich gleichmäßig verteilt ist.

Die urmateriestromartigen Schübe, welche die Jets aus dem Ursprungsschwarzloch ins lichte All bringen, müssen sich nicht unbedingt großartig in Unregelmäßigkeiten (Fluktuationen) des Mikrowellenhintergrundes niederschlagen, denn die Hawking-Strahlung, aus der die kosmische Hintergrundstrahlung mutmaßlich hervorgeht, verwandelt sich nach meiner Theorie unabhängig von der Wirkung der Ur-Jets in Materie und eben Strahlung, und zwar schlicht wegen nachlassender Gravitation. Zudem ist die Homogenität der Mikrowellenhintergrundstrahlung, wie schon dargelegt, meinerseits letztlich auch auf viele gravitative Ablenkungen (Streuung) während ihrer langen Wanderschaft bis zu uns Erdenbewohner zurückzuführen. So ist es nicht verwunderlich, dass man hinsichtlich des Mikrowellenhintergrundes wenn, dann nur allerkleinste Fluktuationen betreffs Temperatur- beziehungsweise Dichteverteilung feststellen kann. Gutwillige Interpretationen der Rohdaten zur kosmischen Hintergrundstrahlung lassen zwar, wie schon gesagt, minimalste Fluktuationen bezüglich der Strahlung erkennen, diese Schwankungen passen im Kontext meiner Kosmologie allerdings gut zu den angenommenen Unregelmäßigkeiten, welche die Ur-Jets aus dem Ursprungsschwarzloch ins lichte Universum bringen. Die Ad-hoc-Annahme der „Dunklen Materie" als stoffliche Unruhestifterin zur anfänglichen Galaxienbildung ist mit meiner Theorie jedenfalls nicht mehr nötig. Meine Kosmologie ist auf keine offenbarte „Dunkelmaterie" als „Baumeisterin des Universums" angewiesen, denn sie baut hierin auf Masseausbrüche aus dem von mir postulierten Ursprungsschwarzloch.[18]

---

18 Übrigens stellt meine Kosmologie auch zur Diskussion, dass die Mikrowellenhintergrundstrahlung ein Produkt der Vermischung stammend aus beiden vorausgesetzten Urvorgängen (Hawking-Emission und Ur-Jet-Ausbrüche) sein könnte, das heißt ein Mix bestehend aus der elektromagnetischen Strahlung, die bei der Umwandlung von Hawking-Strahlung in Materie entsteht, und der elektromagnetischen Strahlung, die durch die explosiven Masseeruptionen aus dem Ursprungsschwarzloch gleichsam zur Welt kommt. Auch in diesem hypothetischen Fall trifft die Mikrowellenhintergrundstrahlung wahrscheinlich deswegen so dermaßen gleich verteilt bei uns Menschen ein, weil sie erstens, so nach mir, teils eine Folgeerscheinung einer schon recht homogenen Strahlung ist (Hawking-Strahlung),

Die logische Konsequenz aus obigen Theorieannahmen kann für Standardkosmologen hingegen nur frappierend sein. Denn somit ist die Mikrowellenhintergrundstrahlung keine Strahlung, die einstmals nach dem vermeintlichen Urknall entstand und seit langem quellenmäßig auf dem Trockenen liegt, sondern sie wird folglich seitdem und bis jetzt durchgehend nach klassisch berechneten 380.000 Jahren produziert, als das amtierende Ursprungsschwarzloch damit begonnen hat (oder vielmehr gravitativ bzw. raumzeitkrümmlich dazu gezwungen wurde), Strahlung nach außen hin abzugeben, womöglich gleichzeitig mit den ersten Ur-Jets aus ihm oder relativ kurz vor- oder nachher. Die am weitesten weg entstandene, bei uns ankommende Strahlung des Universums, die kosmische Hintergrundstrahlung, ist so gesehen kein Relikt eines Urknalls, sondern eine Folgestrahlung der Hawking-Strahlung. Das ist meines Erachtens eine schlüssige Antwort auf die vormals kaum gestellte Frage, warum die Mikrowellenhintergrundstrahlung heute immer noch wahrnehmbar ist, und zwar relativ deutlich (ca. 400 Mio. Photonen pro Kubikmeter All-Volumen!), obwohl ihre Quelle, die traditionell veranschlagte Materie-Licht-Entkoppelung des Alls, nach dem kosmologischen Standardmodell tatsächlich schon seit Jahrmilliarden versiegt ist, seit etwas weniger (380.000 Jahre) als 13,82 Milliarden Jahren, um rechnerisch genau zu sein.[19] Meine

---

und weil sie auf ihrem langen Weg durchs All von sehr vielen gravitativen Einflussgrößen (astronomische Objekte) unzählige Male abgelenkt und folglich nahezu perfekt gestreut wurde.

19 Im Verhältnis zu den folgenden ca. 14 Milliarden Jahren Bestand des Weltalls sind jene 380.000 Jährchen eine verschwindende Zeitspanne. Mag sein, dass die Berechnung dazu stimmt, sie ist betreffs meiner Kosmologie aber ziemlich unerheblich für das Verständnis der Genese des Universums. Das angeblich akkurate Alter des Universums von 13,82 Milliarden Jahren wurde 2013 durch das europäische Weltraumteleskop Planck bestimmt, das vor allem zur Vermessung der kosmischen Hintergrundstrahlung im All ausgesetzt wurde. Die Daten des Vorgänger-Teleskops hierzu namens Hubble von 1990 ließen auf ein Alter von „nur" 13,75 Milliarden All-Jahren schließen. Durch „Hubble" gelang bereits der Nachweis von Schwarzen Löchern (zentralgalaktische Schwarzlöcher!) in den Kernregionen relativ naher Galaxien.

Hawking-Strahlung ist im Rahmen meines theoretischen Entwurfs logischerweise noch etwas Dunkles, das heißt etwas prinzipiell Unsichtbares, nämlich weil diese Strahlung noch dermaßen von der Gravitation (bzw. Raumzeitkrümmung) des Ursprungsschwarzloches beeinflusst ist, dass sie von außen nicht beobachtbar ist.

Nach meinem Hypothesen-Spiel zur Kosmologie, das sich aktuell anscheinend zunehmend als ein unwiderstehliches Kraftwerk an verzahnten Thesen herausstellt (oh, ich Wichtigmacher), geschieht die Umwandlung der hochenergetischen Hawking-Strahlung aus dem Ursprungsschwarzloch in heißeste Materie einerseits und zu anfänglichem Licht andererseits – samt anschließender stofflicher Verbindung mit den Ur-Jets gleicher Herkunft – fortlaufend (derzeit zu jeder Zeit). Und zwar, meiner Theorie wegen, ab den ca. berechneten 380.000 Jahren, nachdem die amtierende Hawking-Strahlung erstmals aus dem herrschenden Ursprungsschwarzloch hervorgegangen ist. Dieser Zeitpunkt (besser formuliert: Raumzeitpunkt) markiert nach der klassischen Weltentstehungsphysik gemäß Urknall bekanntlich den Beginn der Entkopplung von Licht und Materie. Vordem ist, nach meiner Kosmologie, die entsprechende Hawking-Emission noch so sehr in der Gravitation (Newton) beziehungsweise in die Raumzeitkrümmung (Einstein) des Ursprungsschwarzloches gefangen beziehungsweise eingekrümmt,[20] dass ihre Transformation in Materie und Licht nicht vonstattengehen kann und demensprechend vermutlich auch der jähe Ausbruch von Massen durch Ur-Jets nicht. Die hochenergetische Hawking-Strahlung wird demnach pro Einheit zu etwas weniger energetischer Materie,

---

20 Im Vergleich zur Hawking-Strahlung ist die Mikrowellenhintergrundstrahlung nach meiner Theorie schon ein verhältnismäßig geradliniges Phänomen. Die These der starken Krümmung der Hawking-Strahlung beinhaltet im Kontext meiner Kosmologie eine anschauliche Erklärung für Hawkings kalkulatorisch abgeleitete Behauptung, dass masseverlierende Schwarzlöcher („primordiale Schwarzlöcher") immer schneller „verdampfen". Aber dazu später Genaueres.

sobald abnehmende Gravitation (bzw. Raumzeitkrümmung) das erlaubt, unter der Aussendung von Licht, das mikrowellenartig bei uns Erdenmenschen ankommt.

An dieser Stelle sei auf den Tatbestand hingewiesen, dass das Spektrum der Mikrowellenhintergrundstrahlung auffallend weit an das eines idealen schwarzen Körpers heranreicht. Das ist im Rahmen meiner Theorie natürlich ein starkes Indiz dafür, dass es sich bei der Mikrowellenhintergrundstrahlung um ein Ergebnis des Wirkens der Hawking-Strahlung des Ursprungsschwarzloches handelt, und zwar um eine wahrnehmbare Strahlenfolge aus der Umwandlung prinzipiell unerkennbarer (dunkler) Strahlung in prinzipiell erkennbare Materie und prinzipiell erkennbares Licht. Das macht meine kreative Übertragung einer rätselhaften Erscheinung in einen erhellenden Kontext aus. Überhaupt entpuppt sich, so wie es bis jetzt aussieht, meine problemlösende Ausdeutung des Phänomens der Mikrowellenhintergrundstrahlung als ein großer Plausibilitätsvorteil meiner Theorie gegenüber der klassischen Urknalltheorie.

Was die empirisch unerforschliche Hawking-Strahlung betrifft, so hat ihr Ermittler – im Gegensatz zu mir – freilich eine komplizierte, tendenziell unfassliche Interpretation ihrer Entstehung abgeliefert, die letztlich darauf hinausläuft, dass Materie aus dem Nichts (Vakuum) entsteht. Wer sich für diese kuriose Masseproduktion in der Art typisch physikalischer Standardzauberei jetzt schon interessiert, der sei kurzerhand auf die Textstelle (S. 105 - S. 108) verwiesen, wo ich Hawkings Angebot der Hawking-Strahlung mit dem meinigen qualitativ vergleiche, vor allem im Hinblick auf Anschaulichkeit.

Wie hat man sich nun indes die angenommenen Ur-Jets aus dem Ursprungsschwarzloch vorzustellen? Meine Antwort darauf: Warum nicht so ähnlich – nur noch um einiges gewaltiger – wie die bereits entdeckten materiellen Ströme ausgehend nächst Schwarzlöchern in den Zentren von Galaxien, die ich im Rahmen meiner Theorie zentralgalaktische Schwarzlöcher nenne? In Entfernungen von Milliarden von Lichtjahren hat man solch enorme Jets ja schon des Öfteren aufleuchten sehen, in großen Galaxien, die höchstwahrscheinlich jeweils durchweg kolossale Schwarzlöcher beherbergen, traditionell „supermassereiche Schwarze Löcher" genannt. Diese Schwarzlöcher drehen sich nach physikalischer Abwägung fast lichtgeschwind um die eigene Achse,[21] wobei sie sich einerseits durch unbändige Schwerkraft große Massen an Gas und anderer Materie einverleiben, andererseits aber auch immer wieder abrupt Massen von ihnen ausgehen, eben in Form von straffen und extrem energiereichen Geschossen aus heftig strahlender Materie.

Man ist sich betreffs solcher galaktischer Jets im Weltraum nicht ganz im Klaren, ob ihre materiellen Frachten rundweg von außen stammen oder auch vom Innenbereich jeweiliger Schwarzer Löcher kommen – Letzteres zumindest zu einem kleinen Teil. Im ersten Fall speisen sich die Jets ganz aus gravitativ herbeigezerrten Stofflichkeiten aus den Umgebungen relevanter Schwarzlöcher. Im zweiten Fall nähren sie sich zudem aus den Inhalten betreffender Schwarzlöcher, woraus auch immer diese Inhalte bestehen mögen. Letztere Möglichkeit schließt die herkömmliche Physik à la Einstein freilich aus, denn denkt man sie ins massemäßige Extrem, so ist mit der Existenz von kausal eigenwilligen Weltobjekten zu rechnen, eben mit Schwarzen Löchern, die der Idee nach Materie zwar gravitativ einfahren, kräftemäßig jedoch keinesfalls ausbringen können. Was auch immer hier zutrifft, so wird neuerdings

---

21 Durch Messungen von Röntgensatelliten liegt seit 2012 schon mal ein robuster Beleg dafür vor, dass das Schwarze Loch im Zentrum der Galaxie NGC 1365 rasant rotiert – mit mehr als 84 Prozent der maximal möglichen Schnelle, das heißt Lichtgeschwindigkeit.

füglich zu Recht in Erwägung gezogen, dass die Jets, herkommend ganz aus der Nähe zentralgalaktischer Schwarzlöcher, diesen Energieverluste zufügen, etwa an Masse und/oder Rotation, so dass sie im Austausch mit ihrer materiellen Umgebung nicht bloß ständig dazugewinnen, sondern ab und an auch etwas von sich verlieren.

Was die Entstehung galaktischer Jets betrifft, so kann darüber bisher fast nur spekuliert werden. Sicher festgestellt werden kann hier lediglich, dass solche Jets allein im Zusammenhang mit der gravitativen Zufuhr von Materie aus den Umgebungen der Mitten großer Galaxien zustande kommen können, die (die Mitten), wie vorwiegend vermutet, im Kern generell supermassereiche Schwarzlöcher ausmachen. Solche materiellen Zuflüsse werden im Hinblick auf ihre Abläufe und Gestalten folgerichtig zusammenfassend Akkretionsscheiben genannt (lat. accretio: das Anwachsen, die Zunahme). Unsicher aber vorherrschend ist derzeit eine besonders auf Magnetismus beruhende Ausdeutung der angehenden Sachverhalte (aktive Galaxienkerne), die letztlich durch den fachlich gebietenden Begriff der Magnetohydrodynamik beglaubigt werden soll. Es geht hier, kurz und unverstrickt bekundet, um eine Auslegung galaktischer Jets zunächst als sich aufladende Plasmen, deren spätere turbulente Strömungen von elektrischen und magnetischen Feldern hervorgerufen werden. Diese Zurechtlegung reicht meines Erachtens energetisch bei Weitem nicht aus, um die extremen kosmischen Geschehnisse galaktischer Jets begrifflich angemessen zu behandeln. Um sie dereinst vielleicht adäquat verstehen zu können, müsste man bestimmt auch auf die horrenden Zentrifugalkräfte bauen, die, wie ich sie prägnant bezeichne, zentralgalaktische Schwarzlöcher sicherlich hergeben ob ihrer schier lichtgeschwinden Umdrehungen. Einen Ansatz dazu gibt es bereits innerhalb der theoretischen Physik, abgestellt unter dem Fachbegriff des Blandford-Znajek-Prozesses.

Die Jets aus den Schwarzlochzentren von Galaxien brechen nachweislich mit annähernder Lichtgeschwindigkeit in den Weltraum hinaus, augenscheinlich senkrecht zur Rotationsebene betreffender Galaxien. Ihre stattlichsten bisher gemessenen Längen haben Millionen von Lichtjahre, ergo Strecken, die viel länger sein können als die Radien ihrer angestammten Galaxien. Nach offizieller Lehrmeinung bestehen diese Jets aus einem ultraheißen Plasma, das sich vorwiegend aus elektrisch geladenen Teilchen zusammensetzt und das hochenergetische Gammastrahlung abgibt. Diese wuchtigen Jets sind indes nicht zu verwechseln mit den viel schwächeren, rein elektromagnetischen Gammastrahlenausbrüchen, die man quellenmäßig sowohl speziellen Supernova-Explosionen als auch zwei sich verschmelzenden Neutronensternen zuordnet und die man im Fachjargon auch Mikrojets oder stellare Jets nennt. Im Gegensatz dazu ist etwa der beobachtete Makrojet aus der Galaxie (galaktischer Jet) im Sternbild Zentaur ursprünglich zwischen 10^{10} und 10^{14} mal so hell wie die Sonne gewesen. Die Strahlung dieses Jets war demnach bis zu hundert Billionen Mal stärker, als die des Fixsterns Sonne andauernd ist. Kein Wunder also, dass solche Jets auch in weiter Ferne von der Erde aus sichtbar sind, allerdings freilich nur mittels Weltraumteleskopen.

Gemäß der Beobachtung von galaktischen Jets sind sie relativ schmal und ziemlich gerade ausgerichtet. Abweichend dazu gehe ich davon aus, dass sie raumzeitkrumm starten und dann erst, nachdem nachlassende Gravitation der entsprechenden zentralgalaktischen Schwarzlöcher sie viel weniger daran hindert, zu einem mehr oder weniger geradlinigen Phänomen werden, analog zum kosmischen Verhalten meiner hypothetischen Ur-Jets, ausgeworfen vom amtierenden Ursprungsschwarzloch. Immer wieder also schießen gewaltige Energiebündel fast lichtschnell ins All, die, nach meiner Kosmologie, entweder galaktisch aus nächster Nähe von zentralgalaktischen Schwarzlöchern kommen oder übergalaktisch sozusagen vom herrschenden Ursprungsschwarzloch stammen.

Ein großer Vorzug meines Theoretisierens gegenüber der Steady-State-Theorie etwa ist sein schlüssiges Aufzeigen, dass sich das Universum rundweg dynamisch entwickelt. Die Grundidee der Steady-State-Theorie ist nämlich die plumpe Vorstellung, das Weltall ruhe als eine Art Riesenblase still in sich. Genauer: das Universum sei zu allen Zeiten und in allen Räumen ziemlich gleich beschaffen (zu deutsch: „Gleichgewichtstheorie"), was die Verteilung und Gestalt der Massen in ihm betrifft, mithin vor allem diejenigen der Galaxien. Dem widersprechen jedoch neuere Beobachtungen, indem sie die These stützen, dass sich Galaxien über kosmische Zeiträume hinweg durchgreifend wandeln. In Wirtsgalaxien eingebettete Quasare z. B., die Urgesteine des Kosmos gleichsam, sind bisher schließlich nur in erstaunlich weiter raumzeitlicher Ferne entdeckt worden – hier allerdings relativ zahlreich. Im Rahmen meiner Kosmologie interpretiert, sind Quasare hoch verdichtete und intensiv strahlende Kerne junger Galaxien (Ur-Galaxien), die sich in ihren Zentren noch nicht rundweg zu Schwarzen Löchern ausgewachsen haben. Im Hinblick auf Quasare schaut man somit in kosmische Raumzeiten, die, von uns aus gesehen, viel weiter zurückliegen als diejenigen, die man mit Blicken auf gereifte Galaxien präsentiert bekommt.

Quasare sind also extrem weit weg von uns auf der Erde, halten sich in der geometrischen Mitte ihrer unreifen Wirtsgalaxien auf und können nachweislich schon kolossale Schwarzlöcher, soll heißen „supermassereiche Schwarze Löcher" beherbergen. Bspw. ist aufgrund zuverlässiger astronomischer Beobachtungen betreffs der krassen Rotverschiebung des Lichts von besonders auffälligen Quasaren bekannt, dass schon ca. 700 Millionen Jahre nach dem vermeintlichen Urknall supermassereiche Schwarzlöcher von rund 2 Milliarden Sonnenmassen existierten, eben binnen der observierten Quasare. 700 Millionen Jahre an Zeit sind nur ein kleiner Bruchteil des ausgemachten Alters des Universums von ca. 13,8 Milliarden Jahren! Vorgängiger Tatbestand stellt im Rahmen der Kosmologie nach Standard einen großen Erklärungsbedarf dar. Das wissenschaftliche Rätsel, das es hier zu lösen gilt ist, wie jene quasarzentrierten Schwarzlochkolosse in kosmisch so relativ kurzer Zeit entstehen konnten. Letzteres Faktum ist in traditioneller Urknall-Hinsicht nämlich deswegen so frappierend, weil es diesbezüglich ein unüberwindliches Hindernis gibt: die sogenannte Eddington-Grenze, benannt nach dem britischen Astrophysiker Arthur Eddington.

Die Eddington-Grenze ist etwa dann erreicht, wenn die Strahlung erhitzter Materie, die ein supermassereiches Schwarzes Loch eines Quasars laufend verschlingt, nach außen hin so stark geworden wäre, dass sie ein weiteres Einverleiben von Materie verhindern würde. Lichtstrahlen verstanden als Teilchen, das heißt Photonen, können schließlich Druck ausüben. Das ist zum Beispiel schon relativ nah am Phänomen des sogenannten Sonnenwindes ersichtlich. Im Falle des Überschreitens der Eddington-Grenze beim angenommenen Quasar würde die einstürzende Materie umgehend nach außen gedrückt werden, wobei es gemäß kosmologischem Standarddenken vor allem Gas wäre, das also von Lichtstrahlung herausgedrückt werden würde. Supermassereiche Schwarze Löcher in den Zentren von Quasaren können sich somit der Möglichkeit nach nicht beliebig schnell Materie aus ihren Umgebungen anfressen, weil die erzeugten Leuchtkräfte dabei ihrem jeweiligen Wachstum an Masse irgendwann ein Limit setzen würden, das Eddington herausgefunden hat. Abgesehen davon sind diese Leuchtkräfte eh schon gigantisch, da Quasare, derart weit entfernt von unserem Sonnensystem, dennoch gut erkennbar sind. Für die stärksten unter ihnen wurden, man halte sich fest, ca. hundert Billionen Sonnenleuchtkräfte abgeleitet.

Was ist nun die Erklärung beziehungsweise was sind nun die Erklärungen dafür im Rahmen des kosmologischen Standardmodells, dass supermassereiche Schwarze Löcher innerhalb von Quasaren relativ schnell eine dermaßen beachtliche Größe an Massen erreichen konnten, das heißt bis zur zweimilliardenfachen Masse der Sonne? Es ist erstens folgende, ansatzweise begrüßenswerte, aber letztlich oberflächlich abgegebene Erklärung meines wissenschaftlichen Erachtens. Mit dem guten Ansatzpunkt meine ich die Annahme, dass die betreffenden supermassereichen Schwarzlöcher von ihrer Entstehung an schon ziemlich massereich waren.[22] Was das betrifft, wird allen Ernstes in Erwägung gezogen, dass dies durch direkte Kollapse möglich gewesen sein könnte, sodass bereits großmassige Schwarze Löcher unmittelbar aus interstellarem Gas entstanden sein könnten. Vorgeschoben werden hier kurzerhand riesengroße Gaswolken (bestehend vor allem aus Wasserstoff, weniger aus Helium), die sich in einem höchst instabilen, weil ungleich dichten Zustand befunden hätten, wodurch spiralförmige Strömungen in ihnen hervorgerufen worden seien, die innerhalb einer relativ kurzen Zeit von ca. 100.000 Jahren jeweils über 100.000 Sonnenmassen an Gas Richtung Zentren der rotierenden Wolken befördert hätten. Diese gewaltige Drehmaschinerie, analog gedacht etwa zur Wirbelstromtechnik eines Tornados, muss hierzu von Fall zu Fall also vorausgesetzt werden, damit schon recht große Schwarze Löcher sich ziemlich zügig nach dem vorgeblichen

---

22 Davon gehe ich nämlich selbst aus, aber im Hinblick auf das Warum völlig anders ausgelegt als üblicherweise ausgedacht. Die traditionell kaum zu glaubenden Größen der Massen von supermassereichen Schwarzen Löcher in den Zentren von Quasaren fügen sich ziemlich zwanglos in meine Logik zur Entstehung und Entwicklung des lichten Kosmos von heute. Und zwar indem ich diese Schwarzlöcher samt den zugehörigen Ur-Galaxien mittels der Voraussetzung von Ur-Jets aus dem Ursprungsschwarzloch ausdeute, die nach ihrem Ausbruch materieverwandelte Hawking-Strahlung anreichern. Aber dazu verweise ich zum klaren Verständnis heraus aus dieser Fußnote auf die betreffenden Stellen im weiteren Kontext des Textes.

Urknall bilden konnten. Es sind hier direkte Kollapse enormer Gaswolken, die der Idee nach die übliche Sternenbildung darin übergehen und also Knall auf Fall Schwarzlochkolosse erwirken, die sich, so bereits gewaltig hergestellt, des Weiteren in Quasar-Mitten zu jenen supermassereichen Schwarzen Löchern auswachsen, bis zu zweimilliardensonnenmassengewichtig.

Vom Ansatz her bleibt mir diesbezüglich die Frage bohrend im Raum stehen, was es herkunftsmäßig mit diesen postulierten Riesen an Gaswolken im frühen All auf sich hat, die maßgeblich aus Wasserstoff und etwas Helium bestehen würden. Angeblich, so das hypothetische Angebot dazu, seien sie Produkte aus Zusammenstößen und anschließenden Verschmelzungen von Vorformen an Galaxien im frühen Universum, den sogenannten Proto-Galaxien. Aber wo kommen dann diese wiederum so abrupt her, kann man hier durchaus berechtigt weiter nachhaken. Antwort: Die gravitative Wirkung der (oh welch Überraschung) „Dunklen Materie" sei es gewesen, die „primordiales Gas", bestehend aus Wasserstoff und Helium, letztlich zu den kompakteren Strukturen der „Proto-Galaxien" verleitet habe. Die Annahme riesiger Gasvorkommen aus Wasserstoff und Helium im frühen All fällt unter die beliebten Standard-Rückgriffe im Zusammenhang klassischer Kosmologie, wie ich meine, zur Ausdeutung ihrer grotesken Vorwegnahmen wie etwa dem Urknall nur aus einem Punkt heraus und seiner stofflichen Entfaltung, was den jungen Kosmos betrifft. Die Vorgaben der „Dunklen Materie" und der „Dunklen Energie" stehen ebenfalls in dieser Reihe aus meiner kritischen Perspektive. Gaswolken hauptsächlich aus Wasserstoff sind desgleichen die kosmischen Umgebungen, in denen Sterne nachweislich entstehen, wohlgemerkt innerhalb ausgereifter Galaxien. Im Prinzip ist die betreffende Erklärung oben analog derer zur Entstehung von Sternen, nur dass die Sterneproduktion hier, quasi wie gerufen kommend, nicht stattfindet.

Die standardkosmologische Verlegenheit betreffs der weit entfernten Schwarzlochriesen hausend in Quasaren ist so groß, dass noch mit weiteren Erklärungen aufgewartet wird, um sich ihrer zu bemächtigen vor dem theoretischen Hintergrund des „Urknalls". Zwei davon seien noch angedeutet: Einmal fährt man findige Computersimulationen auf, um es möglich erscheinen zu lassen, dass im frühen Universum bereits Supersterne von über 30.000 Sonnenmassen entstanden sind, und zwar simuliert durch die Wechselwirkung weit überschallschneller Gaswinde mit Klumpen aus (na was wohl?) „Dunkler Materie". Die betreffenden Supersterne würden dann folgerecht durch finale Kernkollapse von sich zu schon beachtlichen Schwarzen Löchern zusammenstürzen, die sich des Weiteren, auf Wunsch sozusagen, bis zu jenen supermassereichen Schwarzlöchern in Quasaren anreichern. Ein anderes Mal baut man wieder auf eine Umgehung der Sterneentstehung. Diesmal gelinge sie so, dass intensives UV-Licht junger Sterne in benachbarten Jung-Galaxien die Sternbildungen in frühen Gaswolken verhindere, bis sie direkt zu Schwarzen Löchern von bereits rund 100.000 Sonnenmassen kollabieren würden und, wie gehabt, sich zu jenen fulminanten Schwarzloch-Kraftwerken mittig von Quasaren weiterentwickeln würden.

Quasare sind ziemlich rund, das heißt kugelförmig ausgeprägt. Meiner Überzeugung nach deshalb, weil ihre Schwarzen Löcher im Vergleich zu den Schwarzlöchern inmitten reifer Galaxien wie Spiralgalaxien oder elliptischen Galaxien vermutlich viel weniger schnell rotieren. Die zentralen Schwarzen Löcher in ausgereiften Galaxien sind dagegen wahrscheinlich durchweg ellipsoid geformt – wegen der gewaltigen Fliehkräfte, die ihre Rotationen erzeugen, von denen man, wenigstens für diese Schwarzlöcher, generell ausgehen kann aufgrund von Drehimpulsen: die versteckten Eier des Kosmos gleichsam. Das erste Bild eines Schwarzen Loches (bzw. vielmehr das Bild seines „Schat-

tens"), das vor gut drei Jahren gelang (Veröffentlichung: April 2019),
lässt tatsächlich auf eine durchgängige Eiform (Rotationsellipsoid)
von Schwarzlöchern in ausgewachsenen Galaxien schließen (siehe
Cover des Buches).[23]

Hinsichtlich ihres argumentativen Charakters steht meine Theorie
gewissermaßen zwischen der Steady-State-Theorie und der Urknalltheorie. Im Zusammenhang ihrer begründungslogischen Überlegenheit gegenüber der Steady-State-Theorie, gleichwohl theoretischen
Nähe zu ihr, sei darauf verwiesen, dass Fred Hoyle in den frühen
1990er-Jahren erfolglos versucht hat, sie mit vertrauten Kollegen neu
zu etablieren, indem sie sie gewagt erweiterten, wobei „Schwarze
Löcher" eine große Rolle spielten. Sie stellten hierzu die These auf,
dass die Erzeugung neuer All-Materie nicht, wie vormals gedacht, aus
dem Nichts geschieht, sondern über vermittelnde Sprünge erfolgt, die
sie als „Mini-Bangs" betitelten. Diese kleinen Urknalle verursachen,
so ihre Annahme, so benannte „Weiße Löcher", die über sogenannte
„Wurmlöcher", ausgehend von Schwarzen Löchern, materiell gespeist

---

23 Das betreffende „Bild" zeigt vor dem Hintergrund finsteren Weltraumes einen hellen gelb - orangenen Lichtring, der eine eiförmige dunkle Fläche umschließt, die
   Experten auch den „Schatten" des entsprechenden Schwarzen Loches nennen.
   Bei dem „Bild" handelt es sich um ein indirektes Ergebnis aufgrund der Potenz
   eines gigantischen Typs an Teleskop, durch das (das Ergebnis) auf das supermassereiche Schwarze Loch im Zentrum der Galaxie Messier 87 geschlossen werden
   kann. Jenes sogenannte „Event Horizon Telescope" (EHT, deutsch: Ereignishori-
   zontteleskop) ist ein erdumspannender Verbund von aufeinander abgestimmten
   Radioteleskopen, um mittels Langbasisinterferometrie vermutete Schwarzlöcher
   in kosmischen Entfernungen zu erkunden. Acht Radioteleskope verteilt auf der
   ganzen Erde nehmen dafür Signale auf, die von anberaumten Schwarzlöchern
   zentralgalaktischer Art herrühren. Die entsprechend langen Messreihen werden
   gespeichert per Datenträgern zu Computerzentren gebracht, wo sie kombina-
   torisch ausgewertet werden. Die Herausforderung hierin besteht in der Ergän-
   zung lückenhafter Daten (Pixel) zum Erhalt schlüssiger Bilder mithilfe erprobter
   Computeralgorithmen, um letztlich ein möglichst akkurates Bild zu erhalten, das
   wissenschaftlichen Aufschluss über das Abgebildete gibt.

werden, die in einer anderen Raumzeit existieren würden. Materie verschlingende Schwarze Löcher und Materie ausbringende Weiße Löcher bilden im Rahmen dieses Konzepts also Endpunkte der berühmten Wurmlöcher, die sich in der hochspekulativen Physik und Science-Fiction einen Namen zur Lösung von Pseudoproblemen gemacht haben, wie ich sie nur nennen kann. Die Schwarzen Löcher unseres Universums hingegen generieren nach obiger Logik umgekehrt die Nahrung für ein anderes Weltall, indem sie all-heimische Materie aufsaugen und an all-fremde Weiße Löcher sozusagen wurmlochartig übermitteln.

So wie in meinem muss bei diesem Kosmologiemodell keine erste Ursache („Urknall") aus einem zauberhaften Nichts („Vakuum") oder fast Nichts („Uratom") angenommen werden. Das Universum wird hier vielmehr über alle Zeiten hinweg ständig materiell erneuert, allerdings nicht aus sich selbst heraus, sondern unter der Annahme einer externen Raumzeit, was in meinen Augen nichts anderes ist als die leidige Voraussetzung eines Paralleluniversums unter womöglich vielen Universen („Multiversum"!). Hoyles Fall der Nachrüstung seiner Theorie ist ein Beispiel für meine Verwunderung darüber, dass kosmologische Geistesgrößen regelmäßig ins Weithergeholte, ja ins Metaphysische (Außerkosmische) abdriften, obwohl das physikalisch Logische meiner Ansicht nach doch so nahe liegt. Analog zur Tendenz in der Philosophie sollte meiner Überzeugung nach alle Metaphysik auch aus der Physik verbannt werden, obgleich plausible Spekulationen darin, auf der Basis empirischer Daten, freilich entschieden erlaubt sein sollten.

Was vor der Entstehung der Mikrowellenhintergrundstrahlung in den angenommenen 380.000 Jahren nach dem vermeintlichen Urknall geschah, darüber wird die Menschheit wegen der natürlichen Lichtschranke höchstwahrscheinlich nie etwas Sicheres in Erfahrung bringen können. Das sollten sich alle Astrophysiker zu Herzen nehmen, damit sie kraft metaphysischer Verleitung nicht höhere wissenschaftliche Ansprüche in die betreffenden Erfahrungsdaten hineininterpretieren, als sie objektiv hergeben. Selbstverständlich wäre es nicht nur für unseren Berufsstand interessant zu wissen, wie sich jene Entwicklungsgeschichte vor der Geburt der kosmischen Hintergrundstrahlung genau zugetragen hat (vor der Materie-Licht-Entkoppelung des Alls). Das wird aber wohl für immer ein Geheimnis bleiben, wenn nicht Experimente, etwa mit großen Teilchenbeschleunigern wie dem *LHC*, tatsächlich noch Aufschluss darüber geben.

Noch sicherer wird wohl ewiglich im Dunkeln liegen, was über jene berechneten 380.000 Jahre hinaus vor dem vorgeblichen Urknall war. Schätzungsweise die Hälfte der physikalischen Standardtheoretiker behilft sich hier immer noch mit dem alten Schöpfergott als Antwort (Erster Beweger). Die andere, tendenziell atheistische Hälfte tut die Frage klassisch-physikalisch als absurd ab, wie etwa Hawking es tat, als er verfügte, zu fragen, was vor dem Beginn des Universums war, sei so sinnlos wie die Frage, was nördlich des Nordpols ist. Ich gehe im Rahmen meiner Kosmologie dagegen dreist davon aus, dass es Raum und Zeit samt Inhalt irgendwie auch unabhängig von der Existenz eines lichten Universums geben kann, also selbst hinsichtlich der Ausprägung des Alls allein als Ursprungsschwarzloch. Und zwar deswegen, weil ich mir – falls es Ursprungsschwarzlöcher der *all*geschichtlichen Reihe nach gibt – sicher bin, dass unheimlich verdichtete, aber dennoch bewegte Massen in ihnen vorkommen können. Wie sich die angenommene Ursprungsschwarzloch-Masse jedoch räumlich und zeitlich benimmt, das schirmt der bedingte Ereignishorizont des vorausgesetzten Ursprungsschwarzloches unumgänglich ab: Vor der beobachtbaren Welt im Reich des Ursprungsschwarzloches gibt es eben keine Zeit und keinen Raum im erfahrbaren Sinne teleskopischer Betrachtung, weil hier kein Licht (elektromagnetische Strahlung) sich ausbreiten kann, das Kunde vom Geschehen darin geben könnte.

Obwohl das so ist, ließ ich es mir zur Stützung meiner Kosmologie freilich nicht nehmen, physikalisch nachvollziehbare Mutmaßungen über das Verhalten der Masse unseres Ursprungsschwarzloches wie folgt anzustellen:[24] Ausgangspunkt der betreffenden Argumentation war wie gehabt die Metapher eines gewaltigen, *all*umfassenden Schwarzen Loches (Ursprungsschwarzloch!), das wegen nachgelassener Gravitation (Newton) beziehungsweise wegen nachgelassener Raumzeitkrümmung (Einstein) etwa 380.000 Jahre, bevor Licht und Materie sich schieden, dazu genötigt wurde, Masse auch in Form von Strahlung abzugeben, eben die von mir passend vereinnahmte Hawking-Strahlung. Den Grund für den betreffenden Gravitationsverlust des amtierenden Ursprungsschwarzloches vor seiner Speisung einer lichten Welt sehe ich anfänglich darin, dass die Masse in ihm vorher mit der Zeit schwerkraftbedingt zunehmend mehr geworden ist, und zwar durch den forcierten Zustrom ausgedienter zentralgalaktischer Schwarzlöcher samt ihren Galaxien, beziehungsweise vielmehr Resten davon, bis zur völligen Auflösung des lichtdurchfluteten Universums vor dem jetzigen. Das bedeutet zunächst zwar ein gewaltiges Plus an Gravitation via Masse, die zunehmende Verdichtung aber, die damit einhergeht, bringt, physikalisch logisch, natürlich auch einen zunehmenden Temperaturanstieg des materiellen Gehalts des Ursprungsschwarzloches mit sich. Diese verstärkte Erhöhung

---

24 Und zwar einmal abgesehen von meiner emergenten Ausdeutung, die besagt, dass ein *all*gesättigtes Ursprungsschwarzloch bei größtmöglicher Verdichtung seiner Masse aufgrund von null Bewegung es betreffend aus der Zeit in den bloßen Raum fällt, worauf es aus statischer Zerbrechlichkeit, oder anders gesagt aus einem dynamischen Impuls heraus in Bewegung gerät und also wieder Zeit in sich hat (beginnende Masse-Energie-Entkoppelung!). (Siehe dazu etwa schon die betreffende Stelle im Antwortschreiben vorne auf den „Text eines Briefes von einem gottesgläubigen Rezipienten an mich zu meiner kosmologischen Theorie".)

wiederum bewirkt (so liegt es physikalisch nahe) ab einer bestimmten, aber unbekannten Temperatur eine allmähliche Ausdehnung der Masse des Ursprungsschwarzloches und somit eine Dehnung seiner Oberfläche, wodurch die Gravitation (bzw. Raumzeitkrümmung) hier sukzessive abnimmt. Aufgrund dieser Entwicklung des gesättigten Ursprungsschwarzloches indes wurde irgendwann ein Punkt erreicht, wo es seine Masse nicht mehr ganz zusammenhalten konnte. Dieser vergangene Raumzeitpunkt war gleichsam die Geburtsstunde der amtierenden Hawking-Strahlung des herrschenden Ursprungsschwarzloches, die von da an ab und an, folgt man meiner Kosmologie, durch Masseausbrüche an seiner Oberfläche (Ereignishorizont) begleitet wurde und immer noch begleitet wird (Ur-Jets!).

Die Aufblähung und der Aufbruch des Ursprungsschwarzloches trug sich nach dieser Vorstellung durch Zunahme von Temperatur und Abnahme von Gravitation zu.[25] Es bleibt in diesem hypothetischen Kontext noch zu klären, warum der materielle Zustrom kleiner Schwarzer Löcher ins bestehende Ursprungsschwarzloch, das heißt vor allem von zentralgalaktischen Schwarzlöchern samt ihren Galaxien (bzw. vielmehr Resten davon), vor seiner Expansion beziehungsweise Ent-Schwarzlochung an Masse immer rapider vonstattenging. Nun, gemäß meines Theorems zum Weltende deshalb, weil bei diesem Vorgang das lichte Vorgänger-All massemäßig und raumzeitlich immer weniger beziehungsweise kleiner wurde und das dunkle All, das heißt das Ursprungsschwarzloch, an Masse immer größer. Denn dadurch erhöhte sich seine gravitative Fernwirkung auf das vorgängige Rest-All mit Licht

---

25 Eine empirische Analogie dazu: Sterne wie die Sonne blähen sich schließlich auch zu „Roten Riesen" auf, wenn die Temperatur in ihnen durch verstärkte Verbrennung entsprechend steigt. Durch abnehmende Gravitation an der Oberfläche wird die aufgeblähte Sonne in der Roter-Riese-Phase berechnete 28 Prozent ihrer Masse verlieren.

logischerweise in doppelter Hinsicht, also zunehmend. Die gravitativen Fernwirkungen zentralgalaktischer Schwarzlöcher auf das sie betreffende Übrige an Galaxien ist dementsprechend nach meiner Kosmologie der Grund dafür, dass sie nicht auseinandertriften, was sie nach ihren berechneten hellen Massen eigentlich müssten.

Meine Kosmologie ist somit nicht auf die Gravitationsleistung des astrophysikalisch eingesetzten Parameters (Schummelparameter) „Dunkle Materie" angewiesen. Sie nimmt dafür eine kosmisch weniger aus der Luft gegriffene Einflussgröße – eben die jeweilige gravitative Fernwirkung zentralgalaktischer Schwarzlöcher – zwecks Zusammenhalt von Galaxien an, die, im Plural zusammengenommen, letztlich bei mir auch der Grund dafür sind, dass das existente Universum des Lichts sich insgesamt nicht bis ins schier Unendliche ausdehnen wird, wie gemäß kosmologischem Standardmodell mehrheitlich angenommen (dazu später noch mehr). Die „Dunkle Materie" ist demnach eine Phantom-Vorstellung zur Erklärung hausgemachter Schwierigkeiten der Standardkosmologie, die durch meine Kosmologie angehend in Glaubens-Bedrängnis geraten ist.

Eine essenzielle theoretische Komponente meiner Kosmologie ist allemal diejenige, dass Schwarze Löcher jeweils eine weitreichende gravitative beziehungsweise raumzeitkrümmende Wirkung über ihre Umgrenzung hinaus auf ihre kosmische Umgebung haben. Warum sollten solche unerforschlichen Objekte wie Schwarze Löcher denn keinen solchen anziehenden (raumzeitkrümmenden) Effekt auf die lichten Objekte haben, die sich weit außerhalb ihres so benannten Ereignishorizontes befinden, wenn man glaubhaft davon ausgehen kann, dass sie von ungeheurer Dichte sind. Viel weniger verdichtete Körper des Alls wie z. B. Sterne haben schließlich auch beachtliche gravitative Fernwirkungen auf ihre lichten Umgebungen, wenn man bedenkt, dass sie, wie etwa im Falle der Sonne, Planeten wie die Erde oder wie den wuchtigen Jupiter auf ihren Umlaufbahnen um sie halten.

Wohlgemerkt können sogenannte *supermassereiche* (auch als *supermassiv* bezeichnete) *Schwarze Löcher,* die laut fachlicher Mehrheitsmeinung zumindest in allen Zentren ausgereifter Galaxien hausen, nach heutigem Wissensstand die millionen- bis milliardenfache Sonnenmasse haben. Hinter den relativ starken Radiowellen von Sagittarius A* im Zentrum der Milchstraße bspw. vermutet man als Quelle ein supermassives Schwarzloch von 4,1 Millionen Sonnenmassen. Dieser Wert kann sich durch die Leistung verbesserter Teleskope des Weiteren durchaus noch um Einiges erhöhen, wenn man bedenkt, dass noch vor wenigen Jahren die Masseabschätzung jenes Schwarzloches, die auf der Beobachtung von Gaswolken fußte, bei etwa 2,7 Millionen Sonnenmassen lag. Hierin zeigt sich etwa, dass die Geschichte der Astronomie eng mit der Entwicklung der Technik zusammenhängt – heutzutage freilich vor allem mit dem Fortschritt in der Raumsonden-, Satelliten- und Teleskopentechnik. Im Zentrum der Galaxie Messier 87 rechnet man längst schon mit einem Schwarzen Loch mit einer Masse von 6,5 Milliarden Sonneneinheiten (Mrd., nicht Mio.!). Zeitgenössische Rekorde stellen ein Schwarzes Loch von ca. 18 Milliarden Sonnenmassen dar, das seine Existenz angeblich im Quasar OJ 287 fristet (2008), und eines von über den Daumen gepeilt 21 Milliarden Sonnenmassen inmitten der Galaxie NGC 4889 (2011). Das bislang gewaltigste Schwarzloch mit ermittelten 40 Milliarden Sonnenmassen wurde im Zentrum des Galaxienhaufens Abell 85 etwa 77 Millionen Lichtjahre entfernt von der Erde ausgemacht, als Zentrale der Riesengalaxie Holm 15A sozusagen (2019), massebestimmt aufgrund der Bewegungen von Sternen um das anberaumte Schwarze Loch.

Supermassive Schwarze Löcher wüten demnach in der geometrischen Mitte von Galaxien und Quasaren (leuchtende Kerne junger Galaxien).

Neben diesen Schwarzlöchern, die ich zentralgalaktische Schwarzlöcher nenne, kalkuliert man astrophysikalisch noch mit weiteren
ihrer Art, die ich im Verein mit jenen unter dem Oberbegriff der Folgeschwarzlöcher zusammenfasse, im Unterschied zum amtierenden
Ursprungsschwarzloch. Gemeinhin wird in Fachkreisen gemäß Masse-
größe zwischen *supermassereichen, mittelschweren, stellaren* und *primordialen* Schwarzlöchern unterschieden. Mittelschwere Exemplare (100 bis 1
Mio. Sonnenmassen stark) entstehen vermutlich durch Zusammenstöße
von Sternen in sogenannten Kugelsternhaufen und ihrer folgenden Verschmelzung. Ob es sie wirklich gibt, lässt sich bislang allerdings nicht sicher sagen. Stellare Schwarzlöcher dagegen können erwiesenermaßen
den Endzustand der Entwicklung massereicher Sterne ausmachen, die
mindestens drei Sonnenmassen umfassen. Unter diesen, durch Supernovae entstandenen Schwarzen Löchern, werden noch die kleineren,
schon angeführten „primordialen" Schwarzlöcher eingereiht, wie sie
als Erster – genauer ausgedacht – eben Stephen Hawking Anfang der
1970er-Jahre in den kosmischen Raum gestellt hat. Dabei handle es
sich um Schwarze Löcher etwa von der Masse irdischer Berge, die sich
unmittelbar nach dem Urknall in Bereichen gebildet hätten, in denen
die lokale Masse- und Energiedichte genügend hoch war. Zur Abrun-
dung vom Großen zum Kleinen hin gleichsam, rechnet man fachlich
zudem mit der Möglichkeit von kurzlebigen Schwarzen Mikro-Löchern
bspw. in der Hochatmosphäre der Erde, die etwa so schwer seien wie
1000 Protonen. Experten versuchen, diese Mini-Schwarzlöcher mittels
Teilchenbeschleuniger wie dem *LHC* maschinell herzustellen und ver-
breiten damit Angst und Schrecken nicht nur unter vereinzelten Laien,
sondern auch unter einigen anderen Experten, weil sie fürchten, von
ihnen mitsamt der Erde aufgefressen zu werden.

Eingedenk dieser teils wüsten Spekulationen betreffs Schwarzer Löcher ist meine Annahme von aufeinanderfolgenden und universell

wirkenden Ursprungsschwarzlöchern – neben nachweislichen Schwarzlöchern zentralgalaktischer Art („supermassive" mittig von Galaxien!) – kosmologisch legitim, möchte ich meinen. Ferner kann ich mich dabei auf ein Ass in der Szene stützen, das die Astrophysik und Kosmologie trotz seines Ablebens († 2018) immer noch stark beherrscht, denn ich berufe mich in meiner Theorie zur Weltentstehung und -entwicklung ja auch entscheidend auf Hawkings Strahlung, die er besonders den primordialen Schwarzlöchern zuschrieb. Dass diese Löcher samt Strahlung tatsächlich existieren, ist zwar freilich auch nur eine gewagte These, worüber in Physikerkreisen aber ernsthaft diskutiert wird, nach wie vor.

Hawking argumentiert im Sinne standardkosmologischen Denkens folgendermaßen für die Existenz primordialer Schwarzlöcher: Geht man von seiner heutigen Ausdehnung in Richtung Anfang des Universums gedanklich zurück, so ergebe sich, dass die Materie darin immer dichter werde. In der ersten Tausendstelsekunde nach dem vermeintlichen Urknall müsse die Materiedichte des damaligen Alls rechnerisch so groß gewesen sein, dass sie die Dichte eines Atomkerns übersteigt. Und das macht nach Hawking physikalisch das Entstehen primordialer Schwarzlöcher wahrscheinlich. Ich meinerseits teile die Ansicht, dass der materiedichte Antrittszustand des derzeitigen Weltalls Schwarzloch-Existenzen theoretisch auf die Hand legt, lasse es indessen umgehend durch das Wirken eines urgewaltigen Schwarzloches (Hawking-Emission + Ur-Jet-Ausbrüche) beginnen und nicht durch die Vermittlung einer urigen Explosion aus dem Nichts sozusagen. Jener Anbruch ist nach meiner Kosmologie allerdings kein Einzelfall, sondern wird sich nolens volens unendlich wiederholen.

Die primordialen Schwarzlöcher Hawkings sind den schwarzlochartigen Gebilden vergleichbar, die sich nach meiner Theorie aufgrund der Masseausbrüche (Ur-Jets) aus dem Ursprungsschwarzloch ergeben.

Diese frühzeitlichen Halb-Schwarzlöcher sind, so benenne ich sie gleichsam, die Embryonen ausgewachsener Schwarzlöcher zentralgalaktischer Art. Vermutlich handelt es sich bei ihnen schon um eine Art Quasare, den schwarzlochbeinhaltenden Kernen junger Galaxien. Sie tragen von Fall zu Fall gewissermaßen Sorge für die zentrale Stabilisation der anfänglichen Galaxienbildung, indem sie freigesetzte Hawking-Strahlung, nach deren Verstofflichung quasi, materiell an sich binden. Und zwar dadurch, dass sie sie so mittels Schwerkraft beziehungsweise Raumzeitkrümmung galaktisch um sich strukturieren.

Wie bereits darauf eingegangen, ist die Mikrowellenhintergrundstrahlung nicht 100%ig homogen, sondern von klitzekleinen Unregelmäßigkeiten durchzogen, die auf minimale Temperatur- und also Dichteschwankungen im Auftakt-All des Lichts hindeuten. Nach Hawking waren diese leichten Schwankungen ausschlaggebend dafür, dass sich im frühen Universum auch primordiale Schwarzlöcher gebildet hätten. Außerdem komme ihrer Entstehung damals rechnerisch die sehr kurzlebige, aber gewaltige All-Expansion während der Inflationsphase nach dem Urknall entgegen. Aber das sind, auch wenn physikalische Kalküle im Spiel sind, letztlich höchstens plausible Fachvermutungen. So singulär auch freilich meine These betreffs kleinster Inhomogenitäten der kosmischen Hintergrundstrahlung, nämlich dass diese mutmaßlich daher rühren, dass die erwägten Ur-Jets, stammend aus dem Ursprungsschwarzloch, eine gewisse Unordnung in die Nachfolger-Strahlung der ursprungsschwarzlöchrichen Hawking-Strahlung bringen, nachdem sich diese in Materie und eben Strahlung aufgespalten hat (Materie-Licht-Entkoppelung!).

Dass vor dem Anfang und nach dem Ende der lichten Welt alle mögliche Masse samt Energie in einem *all*umfassenden Ursprungsschwarzloch aufgehoben gewesen ist beziehungsweise aufgehoben sein wird, ist selbstverständlich eine verwegene Vorstellung. Diese ist meines Erachtens aber weit weniger abenteuerlich als die (knallköpfige) Idee des urknalligen Entspringens des Alls aus dem Nichts beziehungsweise Vakuum oder fast Nichts beziehungsweise Uratom. Angesichts der atemberaubenden Materie-Fülle und raumzeitlichen Weite des lichtdurchfluteten Universums lässt sich als sein „dunkles" Herkunftsobjekt doch eher ein urgewaltiges Riesen-Schwarzloch als bspw. ein einziges Atom (Uratom!) vorstellen. Hinsichtlich einer ungewissen, aber sicherlich ungeheuren Dichte unter „Singularitäts"-Bedingungen könnte es schließlich durchaus sein, dass angenommene Ursprungsschwarzlöcher gar nicht mal so umfangreich sein müssten, dass sie nicht in die imaginäre Welt des Menschen passen würden.[26] Der wachsende Erfolg meiner Kosmologie scheint ein zwingendes Indiz dafür zu sein.

Meine Darbietung eines zunehmend größer werdenden und – ab seinem Wendepunkt sozusagen – anschließend zunehmend kleiner werdenden Universums des Lichts bis zu seinem vorläufigen Ende und bis zur neuerlichen Masse/Energie-Freisetzung eines nächsten Ursprungsschwarzloches durch Strahlung (Hawking-Strahlung!) und Masseausbrüche (Ur-Jets!) ist gleichsam meine spekulative, aber relativ wirkmächtige Reaktion auf den ebenfalls empirisch gestützten, jedoch unerquicklichen Standard-Vortrag eines zunehmend größer werdenden Alls bis ins schier Unendliche – gemäß mehrheitlicher Meinung traditionell denkender Fachvertreter. Nach dem Aufschluss neuerer astronomischer Beobachtungen dehnt sich das Universum schließlich aus, und das in zunehmendem Maße. Eine Not-Erklärung dafür gibt das kosmologische Standarddenken, wie gehabt, durch das Aufgebot der „Dunklen

---

26 *All*einige Ursprungsschwarzlöcher, wenn es sie denn der kosmischen Reihe nach geben sollte, sind weder als groß noch als klein zu bezeichnen, da es zu ihren (Un)Zeiten nichts anderes an Masse gibt, mit dem sie verglichen werden könnten (selbstredend auch keine vergleichenden Vernunftwesen).

Energie", über deren Herkunft und Gepräge die Standardtheoretiker keine einleuchtenden Antworten parat haben. Sie identifizieren sie vielmehr abstrakt mit der sogenannten kosmologischen Konstante (entspricht der „Hubble-Konstante"), um die Expansion der erfahrbaren Welt durch einen Wert zu fassen. Derzeit beläuft sich dieser ungefähr auf 0,7 ($\Omega \Lambda \approx 0{,}7$); das heißt, dass etwa 70 Prozent der Kraft im Universum in Form „Dunkler Energie" vorhanden sei. Das Wörtchen „derzeit" im Vorgänger-Satz weist allerdings schon darauf hin, dass es sich hier tatsächlich nicht um eine Konstante handelt, sondern dass sich der betreffende Wert, entsprechend der wachsenden All-Expansion, gegenwärtig mit der Zeit erhöhen müsste. Somit spricht man heute korrekter vom „Hubble-Parameter" als von der Hubble-Konstante. Demgemäß ist also die „Dunkle Energie" nichts Gleichbleibendes, sondern der All-Expansion entsprechend im Anwachsen begriffen. Kosmologische Standarddenker wissen diesem rätselhaften Zuwachs im Rahmen ihrer Theorien nicht wirklich begreiflich beizukommen. Im Kontext meiner Theorie zur Kosmologie jedoch gelingt das, wie nachfolgend zu zeigen ist. Schon Einstein bezeichnete es, das sei hierbei noch vermerkt, als „größte Eselei seines Lebens" eine kosmologische Konstante ernstlich in seine Physik eingeführt zu haben und heutige astronomische Messresultate bestätigen immer wieder, dass die Rede von einem solchen Festwert abwegig ist.

Allein: Wie lässt sich die astronomische Feststellung der zunehmenden Ausdehnung des Alls im Rahmen meiner Kosmologie überzeugend darlegen, so dass nicht auf die Unerklärlichkeit der „Dunklen Energie" zurückgegriffen werden muss? Entscheidend dadurch, dass ich vorgebe, die Strahlung aus dem Ursprungsschwarzloch (Hawking-Strahlung) und die Masseausbrüche aus ihm (Ur-Jets) seien keine geradlinigen, sondern krumme Ereignisse, eingepasst in die äußere Raumzeitkrümmung (bzw. Gravitation) des Ursprungsschwarzloches! Denn somit wird es nach meiner Theorie nachhaltig in sich drehende Bewegung gesetzt, was folglich Zentrifugalkraft auf seine (sicher hochenergetische) Masse bewirkt und des Weiteren mehr Hawking-Strahlung und Ur-Jets aus ihm. Krumme Strahlung und krumme Jets aus dem amtierenden Ursprungsschwarzloch verursachen durch Rückstoß seine Rotation, wodurch fliehkraftbedingt mehr Strahlung und mehr Jets aus ihm hervorgeht beziehungsweise hervorgehen, was denkgerecht seine schnellere Umdrehung bewirkt usw., bis die Masse unseres Ursprungsschwarzloches ganz aufgebraucht sein wird und das lichte Universum sich dabei allmählich immer schneller aufgeladen und ausgedehnt haben wird, an Materie samt Energie beziehungsweise Raumzeit.

Ich behaupte also, dass mit der zunehmenden Masseabgabe des Ursprungsschwarzloches im Gegenzug das lichtdurchflutete All sich materiell und raumzeitlich zunehmend aufbläht. Wenn das zutrifft, dann geht das freilich nur so lange vonstatten, bis das Ursprungsschwarzloch an Masse vollständig aufgezehrt ist. Es ist somit eben kein materieller Nachschub mehr aus ihm zu erwarten, der sich räumlich und zeitlich ausbreiten könnte. Bei besagter Raumzeit, die quasi den Zustand höchster Entropie (Unordnung) des Universums markiert, wird gemäß meiner Kosmologie gleichsam die *All*machtsstunde der zentralgalaktischen Schwarzlöcher schlagen. Denn nach seinem Verenden wird das Ursprungsschwarzloch ja keinerlei expandierenden Druck mehr auf das Weltall ausüben können (weder strahlenmäßig noch jetartig), wodurch die gravitativen Fernwirkungen der zentralgalaktischen Schwarzlöcher auf die Massen ihrer lichten Umgebungen gänzlich zum Tragen kommen werden. Die Folge davon wird sein, dass sich diese Schwarzlöcher langsam aber sicher zunehmend Masse einverleiben werden, die zugehörigen Rest-Galaxien in beobachtbarer Umdrehung dabei indes mehr und mehr an Materie und Energie verlieren werden.

Was das betrifft, so gehe ich davon aus, dass der Zustrom von Materie und Strahlungsenergie ein sich selbst verstärkendes Geschehen qua Steigerung der gravitativen (bzw. raumzeitkrümmenden) Fernwirkungen der zentralgalaktischen Schwarzlöcher sein wird, inbegriffen die forcierten Masseverringerungen entsprechender Rest-Galaxien im Licht. Dies ist sozusagen meine galaktische Analogie zur sich steigernden Masseaufnahme des Ursprungsschwarzloches, wie ich sie einige Seiten vorher (S. 80 f.) umrissen habe. Die hier skizzierten, an Masse zulegenden zentralgalaktischen Schwarzlöcher werden sich – wie zuvor ihr entstammendes Ursprungsschwarzloch – sicherlich auch gewaltig drehen. Und zwar werden die entsprechenden Drehimpulse dann eben nicht vom Rückstoß raumzeitkrumm abgestoßener Stofflichkeiten (Hawking-Strahlung u. Ur-Jets) kommen, sondern vom Anstoß zufließender Stofflichkeiten in Raumzeitkrümmung. Nach der Logik meiner Theorie rotieren zentralgalaktische Schwarzlöcher in zunehmendem Maße, bis nahezu mit Lichtgeschwindigkeit, da sich – nach und nach – immer mehr Materie und Strahlung anstoßend in sie einkrümmen werden, gerade ab dem Zeitpunkt (besser gesagt: Raumzeitpunkt), da das Universum nach seinem Ausdehnungsmaximum dazu veranlasst werden wird, sich wieder langsam zusammenzuziehen. Warum wird es dazu genötigt werden? Na, selbstverständlich darum, weil die gravitativen (bzw. raumzeitkrümmenden) Fernwirkungen der zentralgalaktischen Schwarzlöcher mit dem Exitus des Ursprungsschwarzloches voll zur Geltung kommen werden.

Diese Ferneinflüsse werden gemäß Theorie mit der Zeit dermaßen zum Zug kommen, dass sich die zentralgalaktischen Schwarzlöcher qua forcierter Massenzunahmen gegenseitig immer stärker anziehen und folglich annähern werden und somit irgendwann beginnen werden, sich zusammenzuballen – bis zum kosmischen End- beziehungsweise Startzustand eines weiteren Ursprungsschwarzloches in kolossaler

Einsamkeit. Man stelle sich das so vor, dass bei diesem Prozess ein an Masse höchst kapitales Schwarzloch zentralgalaktischer Art die Initiative ergreift, wobei es mit der allmählichen Einverleibung aller anderen existenten Schwarzlöcher samt restlicher heller Materie zu einem neuerlichen Ursprungsschwarzloch wird, obgleich grundsätzlich jedes gestandene zentralgalaktische Schwarzloch sozusagen unter Umständen das Zeug dazu haben müsste, sich sukzessive zu einem Ursprungsschwarzloch auszuwachsen.

Gemäß der Rotationsthese im vorletzten Absatz ist eine gewagte, aber physikalisch nachvollziehbare Behauptung innerhalb meiner Kosmologie, naturgesetzlich formuliert, folgende: Wenn stoffliche Ströme und/oder Strahlungen (Photonen) aus einem kosmischen Körper (astronomisches Objekt) auf krummer Raumzeit-Bahn austreten, dann bedeutet das, dass die dadurch bewirkten Rückstöße einen entsprechenden Drehimpuls auf diesen Körper ausüben. Umgekehrt sei es so, dass wenn stoffliche Ströme und/oder Strahlungen (Photonen) in krummer Raumzeit-Bahn auf einen kosmischen Körper einströmen, diese einen bestimmten Drehimpuls auf jenen Körper ausüben, indem er jeweils entsprechend angestoßen wird. Und einen so entstandenen Drehimpuls gibt bspw. ein zentralgalaktisches Schwarzloch vermittels seiner gravitativen (bzw. raumzeitkrümmenden) Wirkung an seine lichte Rest-Galaxie weiter.[27] Das ist meine physikalisch bescheidene, aber kaum zu schlagende Antwort auf die Frage, warum sich Galaxien überhaupt drehen und nicht vielmehr nicht. Die ausgebildeten Spiralarme von Galaxien sind im Rahmen dieses Kalküls sichtbare Auswüchse der gravitativen beziehungs-

---

27 Für die Folgerichtigkeit meiner Kosmologie ist grundsätzlich (naturgesetzlich) festzuhalten: Die in ein Schwarzes Loch hineinstürzenden Massen übertragen qua Raumzeitkrümmung anteilig Drehimpulse darauf, so wie ein Schwarzes Loch Drehimpulse qua Raumzeitkrümmung anteilig auf seine entfliehenden Massen überträgt.

weise raumzeitkrummen Zu- und etwaigen Abflüsse von Materie und
Strahlung ins beziehungsweise aus dem jeweils zukommenden zentralgalaktischen Schwarzloch.[28] Alles in allem bin ich somit fachlich nicht
auf eine dürftige Verlegenheitsantwort angewiesen, was die Frage nach
der Drehung von Galaxien betrifft – als da wäre z. B. diejenige platte,
dass sie eben aus schon turbulenten Gaswolken (Proto-Galaxien) entstanden sind, oder etwa diejenige spitzfindige, dass ihre Rotationen das
Ergebnis elektrodynamischer Wirkungen ihrer unterstellten Magnetfelder aufeinander sind.

Auch lassen sich mit jener meiner Antwort, entgegen herkömmlicher
Überzeugung, die Drehgeschwindigkeiten von Galaxien nach außen hin
sehr wohl gemäß Newton beziehungsweise Einstein verstehen. Nach
Schwerkraftsberechnung getreu Standard sind die Sterne von Galaxien
in Richtung ihrer Ränder rotationsmäßig ja zu schnell unterwegs, als
dass sie in Einklang mit dem Gravitationsgesetz gebracht werden könnten. So hielt man nach Gründen Ausschau, um das vermeintlich über-
höhte Umdrehungstempo zu enträtseln, das Galaxien in der Regel nach
außen hin an den Tag des Weltalls legen. Die Hauptbegründung dafür
lieferte man, wie könnte es anders sein, durch die Annahme zusätzlichen gravitativen Wirkens aufgrund von „Dunkler Materie", worauf später noch genauer einzugehen sein wird. Eine alternative Ursache dafür
pries man bspw. mit der gegenseitigen elektrodynamischen Wirkung

---

28 Spiralgalaxien stellen den überwiegenden Anteil an Galaxien. Die Galaxis, d. h. die
„Milchstraße" oder der benachbarte „Andromedanebel" gehören bspw. zu dieser
mehrheitlichen Gruppe. Die erstaunlich flachen Formen von Spiralgalaxien (bis
zu fünfzig Mal breiter als hoch) sind aus meiner rotationsdynamischen Perspektive mit den sich tendenziell lichtgeschwind drehenden Schwarzlöchern in ihren
Zentren bestens zu vereinbaren. Diese „versteckten Eier des Kosmos", wie ich
sie an anderer Stelle schon genannt habe, rufen nach meiner Deutung raumzeitkrümmend auch die elliptischen Formen der „Beulen" inmitten von Spiralgalaxien
hervor (Bulges fachsprachlich genannt). Selbst die sich gemütlich drehende Erde
baucht schließlich etwas gen Äquator.

vorausgesetzter Magnetfelder von Galaxien an (vergleiche oben!). Ins große Ganze übertragen sei hierzu das überdimensionale Magnetfeld des Universums dafür verantwortlich, dass Galaxien in der beobachteten Schnelle rotieren. Die Übermittlung galaktischer Drehimpulse erfolge dabei logischerweise von außen nach innen – analog zu den Fällen eines Zyklons oder Hurrikans. Diese werden betreffs Rotation eben nicht zentral angetrieben, sondern von außen her, durch den Ausgleich bestehender Druckverhältnisse.

Die Magnetfeld-Lösung ist meines Erachtens indes eine Ausdeutung, die gleichsam an den Haaren irdischer Luft-Bedingungen herangezogen wurde. Die gebogenen Formen der Arme von Spiralgalaxien deuten vielmehr trefflich darauf hin, dass sie das Resultat aus Rotation und Gravitation von Galaxien samt zugehöriger Schwarzlöcher supermassiver Art sind (zentralgalaktische Schwarzlöcher!). Die Umlaufgeschwindigkeiten der Sterne in den Spiralarmen müssten, entgegen der Standardmeinung, mit zunehmendem Abstand vom Zentrum einer Spiralgalaxie – entsprechend derjenigen der Planeten etwa unseres Sonnensystems – per gravitativ gebundenem System nicht wesentlich niedriger sein als tatsächlich festgestellt. Und zwar deshalb, weil die gravitativen Wirkungen zentralgalaktischer Schwarzlöcher auf ihre galaktischen Umgebungen mit zunehmendem Abstand im Verhältnis bei weitem nicht so stark nachlassen wie diejenigen von Sternen auf ihre umlaufenden Planeten. Man bedenke dazu doch die ungeahnt verdichteten Massen, die zentralgalaktische Schwarzlöcher höchstwahrscheinlich haben (traditionell genannt: „supermassereiche" oder eben „supermassive" Schwarzlöcher), um ihre verhältnismäßige Überlegenheit in Sachen Gravitation (bzw. Raumzeitkrümmung) gegenüber Sternen abschätzen zu können. Schließlich ist diese Dominanz schon mal so enorm ausgeprägt, dass kein Licht (elektromagnetische Strahlung) von Schwarzen Löchern ausgesendet wird. Das, was nach Standardberechnung an Anziehungskraft fehlt, um Sterne spiralformschön auf ihrer galaktischen, insgesamt flotten Umlaufbahn zu halten, das gestehe man doch einfach der schwerkräftigen Power zentralgalaktischer Schwarzlöcher zu und führe nicht abwegig ein riesiges Potential (27 Prozent welt*all*weit!) an „Dunkler Materie" dafür an.

Ein vorgeblich niederschmetternder Einwand in diesem Zusammenhang gegen meine Kosmologie ist derjenige, dass sich Galaxien nicht alle in eine Richtung drehen, sondern ungefähr genauso viele rechts- wie linksherum. Gemäß raumzeitkrummer Masseausbrüche aus dem rotierenden Ursprungsschwarzloch (Ur-Jets!) samt ihren anschließenden Anreicherungen von materieverwandelter, gleichermaßen raumzeitkrumm ausgebrachter Hawking-Strahlung müssten sich die so werdenden Galaxien doch logischerweise alle in dieselbe Richtung drehen – also entweder links- oder rechtsherum, je nachdem, wie sie von ihrer Abstammungsmasse nach Drehimpuls raumzeitkrumm ins kosmische Werk gesetzt wurden. Das muss aber nicht zwingend so sein, wenn man, wie ich, davon ausgeht, dass sich Galaxien nicht nur alle drehen, sondern sich mit der Zeit auch alle umdrehen, das heißt wenden können, und das nach Wahrscheinlichkeit auch schon einmal oder mehrmals getan haben, bewirkt etwa durch Einwirkungen benachbarter Galaxien. Denn mit ihrer Kehre drehen sich Galaxien in die entgegengesetzte Richtung als vorher, z. B. vom Standpunkt der Erde aus gesehen. Dadurch, dass sich nach gegenwärtigem Stand der Astronomie etwas mehr Spiralgalaxien nach links als nach rechts drehen (ca. 7 Prozent mehr) – und das angeblich nur im Hinblick auf eine bestimmte Himmelsrichtung! – gehe ich im Rahmen meiner Kosmologie zudem davon aus, dass das amtierende Ursprungsschwarzloch, agierend aus dieser Richtung, allen entstehenden Galaxien qua raumzeitkrummer

Ausbringung von Massen (Ur-Jets!) und Strahlung (Hawking-Strahlung!)
zuvörderst einen Linksdrall einimpft.[29]

Mit dieser Voraussetzung einer allgemeinen Rotation nach links aller
werdenden Galaxien und dem allmählichen Ausgleich der Drehrich-
tungen späterer Galaxien (Spiralgalaxien) nach einmaliger Wendung
oder mehrmaligen Wendungen löste ich im Handumdrehen sozusagen
ein weiteres kosmologisches Problem, denn das festgestellte Ungleich-
gewicht pro galaktischer Linksdrehung dürfte, physikalisch streng genommen, ohne Auflösung nicht sein. Die Wahrscheinlichkeit schließt es
nämlich aus, dass dieser Überschuss purer Zufall ist. Ist es aber nicht
zufällig so, dass sich etwas mehr ausgereifte Galaxien gegen den als im
Uhrzeigersinn drehen, muss es dafür einen Grund geben. Irgendetwas
muss den Galaxien anfänglich einen Drall mit auf den Weg gegeben haben, der sie, von einem heutigen Blickwinkel aus gesehen, etwas überwiegend nach links drehen lässt. Nach meiner Kosmologie ist das selbstredend nicht etwa „Gott" kraft „Allmacht" oder ein „Uratom" kraft „Urknall" gewesen, sondern das Ursprungsschwarzloch geometrisch mittig
im Universum, kraft raumzeitkrummer (gravitativer) Masseabgabe.

Standardkosmologen sehen das natürlich ganz anders. Namhafte Experten mutmaßen diesbezüglich, dass der „Urknall" selbst einen gewissen
Spin gehabt haben könnte, der einen im Ganzen sich drehenden Kosmos gegen den Uhrzeigersinn entstehen ließ. Weil erfahrungsgemäß
keine Explosion in alle Richtungen völlig gleichmäßig abläuft, so die
Argumentation, sei die Möglichkeit eines solchen Drehimpulses bei der

---

29 Jene Gegend des Kosmos, aus der sieben Prozent mehr links- als rechtsdrehende
    Spiralgalaxien zu uns leuchten, ist nach der Logik meiner Theorie zur Entwicklung
    des Weltalls diejenige, auf deren mittigen Kurs hin das Zentrum des jetzigen Uni-
    versums aufzufinden wäre, das heißt mein postuliertes Ursprungsschwarzloch.
    Dieses ist nach meiner Kosmologie gleichsam der Mittelpunkt der aktuellen Raum-
    zeit im Ganzen.

Entstehung des Weltalls durchaus gegeben gewesen. Gesetzt diesen Fall, wären die Galaxien dem Sog der Rotation des Weltraumes wahrscheinlich mehrheitlich gefolgt und hätten seinen Drehimpuls nach links übernommen.[30] Wenn sich das Universum allerdings vollends dreht, so geht die Schlussfolgerung da weiter, müsse es physikalisch notwendig einen Bezugspunkt geben, von dem aus es in eine Richtung rotiert. Die typische Antwort darauf von kosmologischen Standardtheoretikern: Das All dreht sich relativ zu anderen Universen in einer Art Hyper-Raum. Hier schlägt also wieder mal die metaphysische Idee vom „Multiversum" zu Buche, nach der es neben unserem möglicherweise noch viele andere Universen gibt. Die Hälfte aller Alle drehe sich eben links-, die andere Hälfte rechtsherum, damit die Rechnung dazu aufgeht, gemäß physikalischen Ausgleichs aller Drehimpulse. Was soll's, nachweisen ließe sich ein Multiversum sowieso nicht, da wir unmöglich aus unserem Universum (das lichte!) hinausforschen können – wegen der natürlichen Lichtschranke sozusagen (Materie-Licht-Entkoppelung!).

Hält man sich standardmäßig an die Theorie vom Urknall, so ist davon auszugehen, dass das gesamte Universum einst in einem Punkt konzentriert war. Da ein Punkt indes wesenhaft nicht rotieren kann, müsste der Gesamtdrehimpuls aller Materie im All konsequenterweise auch heute noch null sein. Der physikalisch in Ehren gehaltene Drehimpulserhaltungssatz besagt nämlich, dass sich die Gesamtheit aller Drehimpulse in einem System nicht verändert. So weit, so gut! Doch mit der astronomischen Feststellung der Existenz von etwas mehr (7 % mehr) links- als rechtsdrehenden Spiralgalaxien im Universum, getroffen unter immerhin 126.501 Exemplaren in nördlicher Himmelsrichtung, entsteht ein Missverhältnis, das der Erklärung bedarf. Dafür

---

30 Aber wenn „mehrheitlich gefolgt", warum dann bloß hinsichtlich einer bestimmten Himmelsrichtung, lässt sich hier im Sinne meiner Auflösung des Rätsels weiter kritisch fragen.

nimmt man, neben unserem, eben mindestens ein zweites Universum an (Paralleluniversum!), sodass die Summe der Drehimpulse betreffs beider Universen wieder null sein kann. Wenn aber schon mal zwei sich beeinflussende Universen in den Raum gestellt sind, ist es nicht mehr fernliegend, auch das Sein vieler wechselwirkender Universen für möglich zu halten. Trotz meiner bahnbrechenden Kosmologie, die begründungslogisch bestens ohne einen weiteren Kosmos auskommt, vertreten heute immer noch viele Leute vom Fach ernstlich Theorien vom Paralleluni- oder Multiversum.[31]

Zur Frage also, warum sich Galaxien überhaupt drehen, wieso sie sich mit scheinbar überhöhter äußerer Geschwindigkeit drehen und weshalb sie sich etwas in der Mehrzahl linksherum drehen (gemäß Blickwinkel), darüber gibt die Standardkosmologie in typisch entlegener Weise Auskunft – von meinem problemlösenden Standpunkt aus. Es gibt halt nichts Praktischeres als eine gute Theorie. Nun also sogleich zurück zur zentralen Schwarzloch-Theorie innerhalb meiner Kosmologie!

Zentralgalaktische Schwarzlöcher gibt es nach mir freilich nicht erst nach dem Verenden des entsprechenden Ursprungsschwarzloches, sondern auch zur selben Zeit als jenes (besser gesagt: Raumzeit). Embryonale Schwarzlöcher zentralgalaktischer Art entstehen, so will es meine Theorie, stabilisierend mit beginnenden Galaxienbildungen. Laut ihr sind sie Ergebnisse der postulierten Urmaterieströme aus dem Ursprungsschwarzloch (Ur-Jets!), sich herausbildend, nachdem diese Jets die sich stofflich verwandelte Hawking-Strahlung gravitativ jeweils dazu angeregt haben, sich materiell an sie zu binden. Die

---

31 Vgl. zu den zurückliegenden vier Absätzen etwa folgende zwei Webseiten: http://scienceblogs.de/astrodicticum-simplex/2012/08/30/links-oder-rechts-dreht-sich-das-universum/ **und** https://www.welt.de/print/die_welt/wissen/article108866691/Rotiert-das-ganze-Universum.html

energiestrotzenden Ur-Jets sind, so gesehen, eruptive Auslöser zur Entstehung von Schwarzlöchern quasar-zentrierter Art im Auftakt-All des Lichts, welche die Materie in ihm nach und nach gravitativ stabilisieren, indem sie sie galaktisch strukturieren. Diese Annahme ist im Rahmen meiner Kosmologie nicht verstiegen, wenn man bedenkt, dass selbst zeitgemäße Standard-Studien darauf hindeuten, dass sich im Zentrum jeder ausgereiften Galaxie ein massemäßig entsprechendes Schwarzloch befindet, das signifikant an der Entwicklung der jeweiligen Galaxie beteiligt ist. Insgesamt fungieren Schwarzlöcher, ob das ursprüngliche oder die zentralgalaktischen, nach meiner Kosmologie überhaupt als strukturbildende Stabilisatoren des lichten Alls. Sie garantieren letztlich den gravitativen (bzw. raumzeitkrummen) Zusammenhalt des je ausgeprägten Universums des Lichts, so dass es nicht schier unendlich weit auseinandertriften wird, wie vom Gros der Anhänger des kosmologischen Standardmodells angenommen.

Gemäß entsprechender Kalkulation drängt sich im Rahmen der Urknalltheorie schließlich der Schluss auf, dass die Expansion des Universums so lange fortdauern wird, bis es sich in unzusammenhängende Kleinstpartikel (Staub) aufgelöst haben wird. Und das, wie schon aufgezeigt, in zunehmendem Maße der Expansion, nachdem die Ausdehnung zwischenzeitlich schon mal verlangsamt abgelaufen sein soll, nach der immens rasanten Startausdehnung. Nach neueren Beobachtungen speziell weit entfernter Supernovae schließen die heutigen Standardphysiker bekanntlich auf eine Situation exponentieller Ausdehnung in der Frühestzeit des Universums. Der Begriff dieser inflationären Expansion wird zwar von der ursprünglichen Urknalltheorie nicht in Anspruch genommen (Lemaître!), wurde 1981 aber von dem theoretischen Physiker und Kosmologen Alan H. Guth eingebracht, mit fachlichem Erfolg. Er besagt, dass es eine sehr kurze Phase extrem rascher Ausdehnung des Alls gegeben habe, unmittelbar nach dem Urknall, und zwar in einem

Zeitraum von nur 10^{-35} Sekunden von der Winzigkeit eines Atoms (10^{-10} Meter) auf die beachtliche Größe zirka der Milchstraße (10^{18} Meter). Dieser Hergang seiner explosiven Anfangsexpansion und seiner weiteren riesigen Ausdehnung bis heute sei der Grund, warum das Universum – etwa von der Erde aus – stofflich tendenziell flach erscheint. Demnach soll man sich das gegenwärtige Weltall so vorstellen, dass es innen von ziemlicher Leere gekennzeichnet ist und außen, am kugelrunden Rand sozusagen, von einer relativen Fülle an Materie.[32]

Die Annahme der inflationären Aufbruchsexpansion des Weltalls erscheint einerseits zwar willkürlich, da die relevanten astronomischen Beobachtungen keineswegs ausreichen, um sie sicher zu belegen, andererseits jedoch (das muss zugegeben werden) drängt sie sich theoretisch auf, da durch sie mehrere physikalische Phänomene ausgedeutet werden können, die im Rahmen des alten Urknallmodells erklärungsbedürftig waren, wie bspw. die unfassbare Größe des Universums oder auch die frappante Homogenität der Mikrowellenhintergrundstrahlung. Sie deutet diese Erscheinungen allerdings auf Kosten komplexer (bildloser)

---

32 Das betrifft die sphärische (kugelige) Ausdeutung der vermeintlich flachen Form des Weltalls, die mehrheitlich vertreten wird. Demgegenüber gehen aber auch nicht wenige physikalische Traditionalisten tatsächlich davon aus, dass das Weltall völlig flach im euklidischen Sinne ist, das heißt vorgestellt in einem nicht gekrümmten Raum, und dass es Krümmungen des Raumes nur örtlich bei Massen gibt. Zu dieser skurrilen Annahme wurden sie durch geometrische Vermessungen der kosmischen Mikrowellenhintergrundstrahlung verleitet, die auf einer viel zu abstrakten Vorannahme lasten, als dass sie (die Annahme) aus meiner pragmatischen Kosmologensicht ernst genommen werden könnte. Was jene Vorannahme angeht, so lasse sich aus der Größe der Fluktuationen bezüglich der Temperatur der Hintergrundstrahlung theoretisch ablesen, ob das Weltall im Großen krumm oder flach ist. Drittens stützt man die These von der „Flachheit des Universums" durch die bildliche Vorstellung, dass der enorme Expansionsdruck nach dem „Urknall" (Inflation) die an sich natürliche Krümmung des Weltalls von einem Punkt aus (Kugel) weit überflügelt habe und also flächig sich materielle Bahn brach und nicht kugelsymmetrisch.

physikalischer Berechnungen aus und letztlich unter der bildlichen Voraussetzung des Wirkens der ominösen „Dunklen Energie". Gesetzt wird diesbezüglich auf das Vorhandensein von „Dunkelenergie" im Frühestuniversum bestehend aus negativer Schwerkraft, das heißt aus abstoßender Gravitation, so benannter Antigravitation. Damit baut man auf einen physikalischen Mechanismus der Ausdehnung, der mit dem ausgemachten der zunehmenden Expansion in der Jetztzeit des Universums wesensverwandt sein soll. „Dunkle Energie" fungiert in diesem Zusammenhang als flexible Kraft, die sich als solche über astronomische Zeiten hinweg an Quantität durchaus ändern kann – warum aber, ist ungeklärt.[33] Wie schon bemerkt, bringt man die Expansionsmacht, die der „Dunklen Energie" heute zugeschrieben wird, auf den Begriff der kosmologischen Konstante (auch „Hubble-Konstante" genannt), oder, treffender: auf denjenigen des Hubble-Parameters.

Die verschrobenen Berechnungen zur Stützung der Inflationstheorie sind ein Hinweis darauf, dass sie empirisch nicht zwingend auf der Hand liegt. Meine Kosmologie rechnet gemäß entsprechender Rotverschiebung zwar mit einer zunehmenden Aufblähung des heutigen Universums des Lichtes, kommt aber ohne megagewaltige (urknallige) Ausdehnung des Alls in frühester Zeit aus. Sie bewegt sich damit gleichsam in bester traditioneller Theorie-Gesellschaft, denn trotz großer mehrheitlicher Annahme der Expansion des Weltalls ist es selbst unter zeitgenössischen Urknalltheoretikern (man bedenke!) noch immer umstritten, ob die relevanten Messdaten insgesamt tatsächlich für die beschleunigte Ausdehnung bürgen können, insbesondere was die anfängliche Megaexpansion des Alls betrifft. Dem entspricht, dass es eine

---

33 Kritisch formuliert könnte man sagen, dass die „Dunkle Energie" hier als biegsamer kosmischer Einfluss vorgeschoben wird, der vorläufig Ordnung in die fachlichen Irrungen und Wirrungen aufgrund standardphysikalischer Grundannahmen bringen soll.

verwirrende Vielzahl von Modellen zur kosmischen Inflation gibt. Am verbreitetsten sind hier Entwürfe unter Einbeziehung des sogenannten Skalarfeldes (auch „Inflationsfeld" genannt), auf dessen energetische Zustandsänderung man ursächlich setzt, um sich etwa die extrem angesetzte Startexpansion des Alls ansatzweise begreiflich machen zu können. Letztlich unklar bleibt in diesem Zusammenhang allerdings der Grund für das Ende der ungeheuren Startoffensive der Ausdehnung.

Ich baue zwecks All-Expansion nicht auf eine rätselhafte negative Gravitation der „Dunklen Energie" (Newton dreht sich bei der Wortverwendung „Antigravitation" bestimmt jedes Mal im Grab um), sondern auf einen massemäßigen Druck positiver Art sozusagen, eben auf die vorausgesetzte Macht der Erweiterung, die das amtierende Ursprungsschwarzloch permanent auf das lichte All ausübt, eben durch Einbringung von Materie (Ur-Jets!) und durch die Belieferung von Strahlung (Hawking-Strahlung!). Meine Ur-Jets und meine Hawking-Strahlung können wegen direkter Unbeobachtbarkeit freilich auch bloß hypothetische Annahmen sein. Es sei an dieser Stelle indes gerechterweise nochmals auf den Tatbestand verwiesen, dass auch „Dunkle Energie" bislang alles andere als unmittelbar nachgewiesen werden konnte. Vielmehr schließt man nur äußerst indirekt auf sie als kosmische Wirklichkeit, um sich die überraschenden, astronomisch und rechnerisch angezeigten Expansionen des Universums erklären zu können.

Die „Dunkle Energie" ist eine etwa zwei Generationen jüngere Ausgeburt des wissenschaftlichen Grübelns als die „Dunkle Materie" (*1932). Sie erblickte anno 1990 das Licht der Fachwelt. Ihr geistiger Vater ist der US-amerikanische Kosmologe Michael S. Turner. Bei allen hochkomplexen physikalischen Berechnungen zur Stützung ihrer Theorien sind die traditionellen Kosmologen letztlich offenkundig immer auch auf bildhafte Vorstellungen à la „Urknall", „Dunkle Materie" oder „Dunkle

Energie" angewiesen, um sich die Entstehung und Entwicklung des Weltalls begreiflich machen zu können. Meine Kosmologie setzt dagegen vornehmlich auf metaphorisch gespickte Beschreibungen zur Genese des Alls. Das macht wahrscheinlich auch ihren zunehmenden Erfolg betreffs öffentlicher Wahrnehmung aus. Über Gott soll man sich kein Bild machen laut Bibel (AT, Ex, 20,4), aber weshalb nicht über den Aufgang und Fortgang des Kosmos? Das Bilderverbot hat meiner Überzeugung nach nicht da zu gelten, wo Metaphern zur Erschließung neuer Perspektiven unabdingbar sind. Das ist natürlich insgesamt auf dem weiten Feld der menschlichen Sprache der Fall, speziell auch auf dem Gebiet der Wissenschaft. Es sind gewiss nicht Leitsätze, sondern Sprachbilder, es sind fraglos keine Aussagen, sondern Metaphern, die unsere Überzeugungen hauptsächlich leiten, seien es nun kosmologische, philosophische, religiöse oder sonst welche. Darüber gibt der kritische Ausgang der sprachanalytischen Philosophie Auskunft, eigens auch die therapeutischen Schriften meines leider schon 2007 verstorbenen Lieblingsphilosophen Richard Rorty, der die Tradition des amerikanischen Pragmatismus gewissermaßen vollendet hat.[34]

Ludwig Wittgensteins bekannter Quintessenz aus seinen „Philosophischen Untersuchungen" zufolge, dass alle Erklärung fort und nur Beschreibung an ihre Stelle treten müsse,[35] geht es pragmatischen Denkern wie Rorty oder mir nicht im Sinne einer Theorie der Darstellung

---

34 Ein zentraler Befund im Werk Rortys lautet diesbezüglich so: „Nicht Sätze, sondern Bilder, nicht Aussagen, sondern Metaphern dominieren den größten Teil unserer philosophischen Überzeugungen. Das Bild, das die taditionelle Philosophie gefangen hält, ist das Bild vom Bewußtsein als einem großen Spiegel, der verschiedene Darstellungen enthält – einige davon akkurat, andere nicht – und mittels reiner, nichtempirischer Methoden erforscht werden kann. Ohne die Idee des Bewußtseins als Spiegel hätte sich eine Bestimmung der Erkenntnis als Genauigkeit der Darstellung nicht nahegelegt." Rorty, R.: Der Spiegel der Natur: Eine Kritik der Philosophie, 1981: 22.

35 „Alle Erklärung muß fort, und nur Beschreibung an ihre Stelle treten" (PU, § 109)

darum, genau nach „Schema F" erklären zu wollen, was die vereinzelte Welt im Innersten zusammenhält (Weltformel), sondern darum, sie im Hinblick auf aktuelle Fragestellungen bildlich neu zu beschreiben, um damit eine interessierte Öffentlichkeit aufhorchen zu lassen. Es sind diesbezüglich nicht etwa hochdifferenzielle Rechen- und/oder Sprachsysteme vonnöten, um weitreichenden Sinn zu stiften, sondern metaphorisch aufschlussreiche Neuinterpretationen von Welt, die Probleme als lösbar erscheinen lassen. Sobald man die *Welt* demgemäß jeweils mittels neuer Begrifflichkeiten *anschaut*, zeigt sie sich in ihren Einzelheiten tatsächlich verwandelt. Ganzheitlich gesehen braucht man hier vor dem Ehrfurcht gebietenden Wort „Welt" keine ideologisch begründete Angst zu haben. Wie alle anderen Begriffe ist der Weltbegriff nach Wittgenstein auch „nur" ein Bestandteil im Regelwerk der prinzipiell interpretationsoffenen Sprache. Es gibt in der Welt folglich keine Wahrheit oder Wirklichkeit, auf die sich der Mensch über seine Sprache hinausgehend beziehen könnte. Dazu Rorty: „Da Wahrheit eine Eigenschaft von Sätzen ist, da die Existenz von Sätzen abhängig von Vokabularen ist und da Vokabulare von Menschen gemacht werden, gilt dasselbe für Wahrheiten."[36]

Der Einsatz neuer Metaphern zur Beschreibung von Welt geht mit ihren öffentlichen Wirksamkeiten immer auch mit Regelverletzungen der normal verwendeten Sprache einher. Umwälzende Neubeschreibungen im Sprachspiel der Wissenschaft, bewirkt durch metaphorisch verwegene Zusammenstellungen von Worten, lassen durch ihre Bedeutungsverschiebungen neue Gehalte der sozialen oder natürlichen Welt aufscheinen, ohne dass diese weltanschaulichen Innovationen semantisch restlos durch eine Regel erklärt werden könnten. Wenn doch, wären sie schließlich keine sprachlichen Neuerungen. Denkt man sich Sprache

---

36 Rorty, R.: Der Spiegel der Natur: Eine Kritik der Philosophie, 1981: 49.

nicht als etwas, durch das sich der Mensch die Welt genau abbildet (Abbildtheorie!), sondern als etwas, durch das er sich die Welt bildlich vorstellt, so wie es hilfreich für sein Leben ist, befreit man sich nach Rorty vom metaphysischen Joch der Philosophie. Es kann somit in der Wissenschaft nicht mehr darum gehen, die Welt in ihren entwicklungsgeschichtlichen Wirklichkeiten ein für alle Mal erfassen zu wollen, sondern darum, sie je Fach auf bedrängende Fragen hin sprachbildnerisch immer wieder neu zu skizzieren, im vollen Bewusstsein der Vorläufigkeit aller Neudeutungen von Welt. Theorien haben demnach bei ihren Unterscheidungen nur durch den literarischen Einsatz weltbewegender Metaphern einen innovativen Sinn. Rorty etwa meint in diesem Zusammenhang folgendes:

„Es gibt ... alle möglichen Arten und Weisen, einen Unterschied zu machen. Eine davon ist der über einen langen Zeitraum hin erfolgende allmähliche Wandel der Bilder, die uns, wie Wittgenstein sagt, gefangenhalten. Bilder, die uns gefangenhalten, wird es immer geben, denn nie werden wir der Sprache oder den Metaphern entrinnen: nie wird es uns gelingen, Gott oder das ansichseiende Wesen der Wirklichkeit von Angesicht zu Angesicht zu erblicken. Alte Bilder können jedoch Nachteile aufweisen, die sich dadurch vermeiden lassen, daß man neue Bilder skizziert.“[37]

Das alte Bild einer Explosion (Urknall) samt Expansion (Inflation) schier aus dem Nichts heraus als Herz des kosmologischen Standardmodells weist nach meinem wissenschaftlichen Dafürhalten erhebliche Nachteile auf, und zwar im Hinblick auf eine aufschlussreiche Kosmologie gemäß bereits bestehender empirischer Nachweise. Ich will diese Nachteile zukünftig vermieden wissen, kraft meines neuen Sprachbildnisses

---

37 Rorty, R.: Philosophische Voraussetzungen der akademischen Freiheit?, in: Merkur. Deutsche Zeitschrift für europäisches Denken, Jg. 49, 1995: 41.

der Weltallentwicklung, in dessen Zentrum die Metapher von universell wirkenden Schwarzen Löchern steht (Ursprungsschwarzlöcher!), die, wie im aktuellen Fall angenommen, mit kleineren Schwarzlöchern (v. a. zentralgalaktischer Art) interagieren, in dynamischer Flexibilität sozusagen.

Angesichts meiner progressiven Kosmologie habe ich mit dem tradierten „Anthropischen Prinzip" nichts am Hut, das vor allem im Begründungskontext der abgehobenen Stringtheorie neuerdings wieder hochgehalten wird. Meiner Ansicht nach ist dieses Prinzip im Grunde nicht mehr als ein angeberischer Satz der Selbstvergewisserung des Menschen darüber, dass er mit seinen Beschreibungen des Weltalls richtigliegt. Das „Anthropische Prinzip" (*anthropos* „Mensch") besagt in seiner Banalität nämlich nichts weiter, als dass die Schlussfolgerungen aufgrund von Beobachtungen, die der Mensch über die im Universum wirkenden Gesetze der Physik zieht, implizit seine vortreffliche Existenz voraussetzen. Was für ein stinkendes Selbstlob: Gott sei Dank wartet das Weltall mit Naturgesetzen auf, die zum Sein des vernunftbegabten Wesens sprich des Menschen geführt haben, damit es durch ihn adäquat erfasst werden kann. Das All verdankt seine Selbsterkenntnis auf Erden halt allein seiner begnadeten Lebensbrut „Homo sapiens". Mit solch allgemeinen Glorifizierungen, die das „Anthropische Prinzip" einredet, sollen erfahrungsresistente Theorien innerhalb physikalischen Denkens herkömmlicher Art beglaubigt werden wie etwa die Theorie zu den „Strings".

Aber nun zurück von diesem eher philosophischen Ausflug zur detaillierten Argumentation für meine Kosmologie: So wie zur Expansion des Universums biete ich auch für seine Strukturierung eine bildlich offenbare, wenig „dunkle" Auslegung an. Denn, wie dargelegt, mache ich die Hawking-Strahlung aus dem Ursprungsschwarzloch als ein krummes

Phänomen vorstellig, das im Verein mit den ursprünglichen, ebenfalls gekrümmten Masseausbrüchen aus ihm durchaus als strukturbildend hinsichtlich des lichten Alls interpretiert werden kann, und zwar so, dass die Ur-Jets Ausgangseruptionen an Urmaterie zur Bildung von Galaxien sind, die materiell des Weiteren durch Anreicherung von verwandelter Hawking-Strahlung vonstattengeht. Da entsprechende Strahlen und Jets notwendig in die äußere Raumzeitkrümmung ihres herkünftigen Ursprungsschwarzloches eingefasst sind, bringen sie die Galaxien, die durch sie entstehen, qua Impuls in (anfänglich zufällig linke) Umdrehung, zentral um stark verdichtete, durch Ur-Jets entstandene, energetische Urmassen, die wahrscheinlich bereits Schwarzloch-Charakter haben. Das amtierende Ursprungsschwarzloch wirft, so gesehen, bis zu seinem Verenden, unzählige kleine Schwarzloch-Nachkommen aus und versorgt sie sogleich mit materieller Nahrung per Strahlung (Hawking-Strahlung!), so dass sich Galaxien um die Abkömmlinge ausbilden können. Weil diese Strahlung von Natur aus krumm ist, treibt sie, materiell in entstehende Galaxien einströmend und diese also anstoßend, die Drehungen dieser um sich selbst mit an.

Der logische Entwurf meiner Hawking-Strahlung kontrastiert betreffs Anschaulichkeit selbstverständlich mit ihrer physikalischen Ableitung durch ihren Erfinder. Denn wie schon bemerkt, beglückte Hawking die Fachwelt mit einer hochkomplexen Präsentation der Funktion seiner mutmaßlichen Strahlung, für deren Ersinnen er, neben anderen Leistungen, 2013 zwar nicht den Nobelpreis für Physik, aber den höchstdotierten Wissenschaftspreis der Welt bekam, den in unregelmäßigen Abständen vergebenen *Special Fundamental Physics Prize*. Hawkings entscheidende Voraussetzung des möglichen Seins seiner Strahlung ist die (m. E. verschrobene) quantentheoretische Annahme, dass ein Vakuum nichts Leeres ist, sondern ein vibrierendes Gebilde aus sogenannten „Vakuumfluktuationen". Diese konstatierten Wechselbewegungen im

Vakuum werden angeblich durch die etablierten Teilchen-Antiteilchen-Paare erwirkt, die nach der quantenmechanischen Unschärferelation nur für sehr kurze Zeit bestehen. Gemäß Quantenphysik ist der leere Raum materiell also keineswegs ganz leer, sondern es entstehen und vergehen ständig Teilchen in ihm in Form von Paaren, die z. B. aus einem Elektron und einem Positron oder etwa aus einem Photon (Lichtteilchen) und einem zweiten Photon mit entgegengesetzten Eigenschaften bestehen (bspw. betreffs Ladung). Diese Teilchen werden „virtuelle Teilchen" genannt, weil sie der Theorie nach nur extrem kurzlebige Existenzen sind.[38]

Die Erzeugung und Vernichtung jener hypothetischen Teilchen-Paare findet nach Hawkings These auch in der unmittelbaren Nähe, weil Leere

---

38 „Antiteilchen", die forsch behauptet schon nachgewiesen wurden, verdanken ihre Existenz meiner Überzeugung nach nur der Theorie zur „Antimaterie", die vorgibt, dass nach dem „Urknall" Materie und Antimaterie in beinahe gleichen Unmengen entstanden und kurz darauf durch Paarvernichtung (*Annihilation*) fast ganz „zerstrahlt" seien. Von der dabei hervorgegangenen elektromagnetischen Vernichtungsstrahlung zeuge die erklärungsbedürftige Folgestrahlung heutzutage, eben die Mikrowellenhintergrundstrahlung. Wo kommt nun aber die auch nicht kleine Menge an Materie im gegenwärtigen Universum her? Antwort der Antimaterie-Theorie: Na, von den überschüssigen Materieteilchen-Junggesellen und Materieteilchen-Junggesellinnen, die (seinsglücklicherweise) keinen passenden Antimaterie-Partner gefunden haben und die noch dazu das Inferno des Strahlenmeeres aus Photonen damals überlebt haben. Wenn jene kleine „Materie-Antimaterie-Asymmetrie" am Anfang aller Welt („GUT-Ära") nicht gewesen wäre, könnte heute praktisch nichts existent sein, höchstens ein vollkommen leeres Universum. Wirklich sehr flexibel, das fachliche Sprachspiel mit der „Antimaterie"! Kein Wunder, dass es sich schon längst einen Stammplatz in der Science-Fiction gesichert hat, dafür bürgend bspw., dass der Warp-Antrieb bei Star Trek funktioniert. Seit neuestem leitet man sich gleich das ganze Universum von der „Antimaterie" her, und zwar so billig, dass es einen spiegelbildlichen Gegenpart aus „Antimaterie" auf der anderen Seite des „Urknalls" habe, der sich von diesem aus entsprechend entgegengesetzt entwickelte und entwickelt. Und diese plumpe Modellvorstellung soll auch sogleich noch ansatzweise die geeignetste Kandidatin für eine natürliche Erklärung der „Dunklen Materie" sein!

(Vakuum!), der Ereignishorizonte Schwarzer Löcher statt. Hier komme beim Entstehen der Teilchen-Antiteilchen-Paare gemäß Energieerhaltungssatz dem einen Partner negative und dem anderen Partner positive Energie zu. Da nun das Gravitationsfeld im Inneren Schwarzer Löcher so dermaßen stark ist, das heißt die Sichtbarkeit entsprechender Inhalte gleichsam überwuchert, könne, so Hawkings Theoriestreich, dort ein reales Teilchen negativer Art auch alleine ohne Partner existieren, was eben die Voraussetzung dafür sei, dass virtuelle Teilchen mit negativer Energie in Schwarzlöcher dringen können, um realiter zu werden. Eigentlich unteilbare Teilchen-Antiteilchen-Paare werden nach dieser Logik am Ereignishorizont Schwarzer Löcher gravitativ getrennt und haben sich somit nicht mehr geschwind gegenseitig zu vernichten, wie es ihre Natur genuin vorgibt. Der eine Partner stürze sodann, quasi zu seiner Verwirklichung, in das Schwarze Loch, während der andere Partner als reales Teilchen in den freien Raum der Umgebung entkomme. Das schaffe Letzterer, da sein hineinstürzender Gefährte negativer Art so viel an Energie freisetze, wie für eine Teilchen-Paarbildung sowie für das Hinauskatapultieren des Partner-Teilchens aus dem Gravitationsfeld des Schwarzloches nötig sei. Nach dieser Aufrechnung ist es tatsächlich möglich, dass positive Energie in Form von Materie (Teilchen!) von Schwarzen Löchern ausgeht, obwohl sie nach Einstein prinzipiell „nur" gravitativ (raumzeitkrümmend) nach außen hin wirken können. Fließt allerdings im Gegenzug negative Energie in ein Schwarzes Loch, so verringere sich damit proportional seine Masse, und zwar entsprechend der Einsteinschen Gleichung $E = mc^2$. Diejenigen Teilchen, die einem Schwarzen Loch bei jenem Prozess als reelle Teilchen entkommen, seien zusammengenommen die jeweilige Photonen-Flucht, die man nach ihrem Ergründer honett Hawking-Strahlung nennt.

Photonen virtueller Photonenpaare im Umkreis Schwarzer Löcher haben demnach, wenn sie getrennt von ihren Partnern überleben wollen, einerseits in Schwarze Löcher zu fallen, um dort ihr energetisches Dasein zu fristen, während ihre Gefährten draußen andererseits kumuliert als Strahlung erscheinen. Soweit die imaginäre Geburt der Hawking-Strahlung aus dem prinzipiellen Nichts. Wie um alles in der Welt (bzw. im Weltall) kann es indes geschehen, dass kleine Schwarzlöcher sich nach Hawking im Verhältnis schneller auflösen als große? Durch die (m. E. letztlich durch Nichts zu begründende) Annahme, dass „Vakuumfluktuationen" aufgrund einer starken Krümmung der Raumzeit begünstigt werden, die in der Nähe von Schwarzlöchern schließlich grundsätzlich gegeben ist. Und zwar umso toller, je weniger Massen sie jeweils haben würden, denn Schwarze Löcher mit relativ geringen Massen seien logischerweise von relativ geringen Ausdehnungen, ihre Ereignishorizonte und die umgebenden Raumzeiten demnach entsprechend stärker gekrümmt. Je größer dagegen, und damit massereicher, ein Schwarzloch ist, desto weniger strahlt es nach Hawkings These. Es seien hier also die kleinen, welche die großen überstrahlen, aber je kleiner ein Schwarzes Loch sei, umso schneller zerstrahle es halt auch.

Anders als Hawkings Konzeption von der zu seiner Ehre getauften Strahlung kommt meine Aneignung von ihr vorzüglich ohne die komische Vorstellung einer „virtuellen" Erzeugung aus einem masseschwangeren Nichts aus. Es ist im Gegenteil hypothetisch etwas ungeheuer Großes und trotzdem höchst Verdichtetes, aus der ich die Hawking-Strahlung theoretisch ziehe. Eben das amtierende Ursprungsschwarzloch, das einst aufgrund eines relativ starken (auf S. 79 f. beschriebenen) Gravitationsverlustes in Richtung seiner Oberfläche (Ereignishorizont) dazu veranlasst wurde, Masse teils in Form von Strahlung abzugeben. Warum gibt dieses weltzentrale Monstrum nach meiner Kosmo-Logik mit der Zeit jedoch, das heißt je weniger an Masse es wird, immer mehr von jener Strahlung ab? Nun: Zur Erinnerung deshalb, weil ich diese Strahlung der Bewegung nach als krummes Phänomen konzipiert habe, das in die äußere Raumzeitkrümmung (bzw. Gravitation) seines Ursprungsschwarzloches eingefasst ist! Denn das bewirkt gemäß Theorem qua Rückstoß seine fortwährende Umdrehung mit, was folglich zusätzlich eine andauernde Fliehkraft auf seine Masse erweckt und des Weiteren immer mehr Hawking-Strahlung und, nicht zu vergessen, zunehmend mehr Ur-Jets aus diesem Schwarzloch hervorruft. „Immer mehr" und „zunehmend mehr" aufgrund seiner nachlassenden Gravitationskraft wegen kontinuierlichem Masseverslust. Das massemäßige Weniger-Werden des aktuellen Ursprungsschwarzloches ist demnach ein sich selbst verstärkender Prozess durch krumm sich fortbewegende Strahlung (Hawking-Strahlung) und krumm sich fortbewegende Massen (Ur-Jets) samt Energie, der den Kosmos ansteigend anwachsen lässt.

Meine Kosmologie trumpft auch, wie schon gezeigt, mit einer anschaulichen Beleuchtung dazu auf, wie es mit dem beobachtbaren Universum entwicklungsmäßig weitergeht. Mein Aufgebot von der zyklischen Wiederkehr eines in Licht getauchten Alls stellt den standardphysikalischen Abgesang von seiner schier unendlichen Ausdehnung und, einhergehend damit, von seiner materiellen Aufsplitterung, so wie es derzeit aussieht, mehr und mehr in den Schatten – als da wären bspw. die Annahmen des fortwährenden Auseinandertriftens des Universums bis zum allgemeinen Sterne-, Licht- und Wärmetod („Big Freeze") beziehungsweise bis zu seiner Auflösung über die atomare Zerstückelung noch hinaus („Big Rip").[39] Die Behauptung vom Zerriss des Alls bis in kleinstmögliche Partikel ist aus Gravitationsgründen widersprüchlich,

---

39 Das gesamte irdische Geschehen ist von Zyklen bestimmt, von einem Kommen und Gehen, etwa betreffs Tag und Nacht, Ebbe und Flut oder den Jahreszeiten. Warum soll das große All-Ganze, in dem diese Zyklen stattfinden, sich denn nicht auch zyklisch entwickeln?

wenn man keine *all*umfassende Kraft voraussetzt, welche die Materie im Universum ohne Unterlass auseinandertreibt, bis sie quasi zu Staub zerfallen ist. Diese Allround-Power schimpft sich im Rahmen des kosmologischen Standardmodells eben „Dunkle Energie"; „dunkel" klar deswegen, da sie in seinem Kontext bis heute eine schleierhafte Größe ist (m. E. ein Schummelparameter).

Weil das so ist, nimmt es nicht wunder, dass unter den traditionellen Kosmologen keine Einigkeit in der Frage herrscht, ob denn das All wirklich in einem fort zunehmend auseinanderdriften wird, wie es die Rede vom „offenen Universum" vorgibt. Dies ist, standarttheoretisch konsequent gedacht, zwar die wahrscheinlichste Entwicklung des Universums, Abweichler ziehen für eine ungewisse Zukunft allerdings seine verlangsamte Ausdehnung bis zu einem bleibenden Grenzzustand ernsthaft in Betracht, unter dem Etikett des „ebenen Universums". Noch abtrünnigere Standardler können sich letztlich auch ein Ende der All-Ausdehnung mit anschließender Zusammenziehung im Begriff des „geschlossenen Universums" vorstellen, gestützt auf Bilder des Entstehens und Vergehens quasi aus dem Nichts („Big Bang"!) beziehungsweise ins Nichts („Big Crunch"!).

Die drei entsprechenden Szenarien der Entwicklung des Weltalls (Big Rip, Big Freeze und Big Crunch) drängen sich im Rahmen des kosmologischen Standardmodells zwar auf, allein freilich nur unter der Voraussetzung des Wirkens von „Dunkler Energie" und „Dunkler Materie". Welcher der drei relevanten All-Pläne hier umgesetzt werde, das hänge logischerweise von der gravitativen Gesamtmasse im Universum, das heißt entscheidend von der dominierenden „Dunklen Materie" ab, denn die „Dunkle Energie" fungiere gegenteilig, wie gesagt als expandierende Macht. Die momentane Empirie im gedanklichen Kontext des kosmologischen Standardmodells deutet auf eine äußerst auflösende Expansion des Weltalls, auf den Big Rip, hin. Darin ist man sich, wie schon erwähnt, weitgehend einig. Gesetzt jedoch den Fall, dass entsprechend viel Materie (helle + dunkle!) im All vorhanden ist und sich die „Dunkle Energie" pro Raumeinheit durch die Weltraumausdehnung immer mehr verringert, so würde die Wirkung der vereinten Gravitation im Kosmos irgendwann womöglich stärker werden als die ausbreitende Wirkung der „Dunklen Energie". Folglich könnte an diesem Raumzeitpunkt die Expansion des Universums enden und in ihr Gegenteil, in eine Kontraktion umschlagen, die sich zwangsläufig immer schneller vollziehen würde, bis das All letztendlich im Big Crunch kollabieren würde.

Letztere Vorstellung unter jenen drei Standardideen zur Weltallentwicklung lässt sich mit meiner Kosmologie noch am besten vereinbaren. Minuten vor dem Big Crunch, so malt man sich seine Heraufkunft aus, sprengt die allgemeine Hitze im All alle Materie bis in die Atomkerne auseinander, worauf das verstreute stoffliche Ergebnis von gewaltig anwachsenden Schwarzlöchern gravitativ aufgesaugt wird. Einige Sekunden vor dem Gegenstück zum Urknall, dem Endknall sozusagen, verschmelzen, so die Skizze, diese supermassiven Schwarzen Löcher miteinander. Zum Schluss existiere dann nur noch ein einziges Schwarzes Megaloch (na also!), das alle Masse fasse und im letzten Moment, eben beim Big Crunch, sich selbst verschlucke, sodass es zu Nichts werde beziehungsweise zu einer punktförmigen Singularität, zum „Uratom" oder „kosmischen Ei" in Lemaîtres Worten. Gemäß Theorie könnte ein solcher Big Crunch sogleich zu einem weiteren Big Bang (Urknall) führen, mit anschließender Ausbreitung eines neuen Universums samt Licht.

All diese Standard-Überlegungen zur Genese des Weltalls unter der Wirkung von „Dunkler Energie" und „Dunkler Materie" sind hochspekulativ, meines Erachtens noch mehr als die entsprechenden meinerseits unter der Wirkung von Hawking-Strahlung und Ur-Jets und unter der

Annahme gravitativer Fernwirkungen von Schwarzlöchern. Was nun die heutige Form des Universums betrifft, so konnte ich im Rahmen meiner Theorie freilich auch nur kosmologische Mutmaßungen darüber anstellen. Im Einklang mit der Mehrzahl an Standarddenkern gehe ich hierzu davon aus, dass das Universum als Ganzes tendenziell flach ausgedehnt ist, wahrscheinlich nicht so schön flach wie Spiralgalaxien, sondern eher in Richtung der Form eines symmetrischen Eis, das heißt eines Ellipsoiden, und zwar herkommend von der vorausgesetzten Rotation des amtierenden Ursprungsschwarzloches und der daraus resultierenden Fliehkraft auf seine Masse. Denn dadurch treten Ur-Jets und Hawking-Strahlung nicht schön verteilt an der Oberfläche (Ereignishorizont) dieses Schwarzloches aus, sondern vorzugsweise aus Breiten, wo die Zentrifugalkraft relativ hoch ist, das heißt am stärksten an seinem Äquator solchermaßen und am wenigsten an seinen Polen. Und das bewirkt in der Folge der weiteren Massenverteilung im All logischerweise kein schön rundes, sondern ein etwas flach ausgedehntes, vermutlich ellipsoides Universum. Um die Form des ganzen Weltalls sicher in Erfahrung bringen zu können, ist unsere, obschon technisch unterstützte, Perspektive darauf bislang allerdings viel zu begrenzt.[40]

---

40 Anmerkend möchte ich hier noch das gegebene Versprechen auf Seite 63 einlösen, sprich meine Antwort auf die Frage geben, warum die kosmische Hintergrundstrahlung in alle Himmelsrichtungen hin beobachtbar ist, obwohl ich sie einem bestimmten Umkreis der Entstehung zuordne. Die besagte Tatsache fügt sich schließlich gut in den Rahmen meiner Kosmologie ein, denn die entsprechende Ur-Strahlung (Hawking-Strahlung!), als Vorgänger-Strahlung der Mikrowellenhintergrundstrahlung sozusagen, entsteht der Idee nach zwar nur an einem bestimmten Raumzeitort (Kern des Universums), ist aufgrund ihrer Quelle (Ursprungsschwarzloch!) aber als krummes Phänomen konzipiert. Somit folglich zunächst selbst bestimmt nicht ganz gerade wegen starker Raumzeitkrümmung, scheinen Mikrowellenhintergrundstrahlen in der Lage, den ganzen Weltraum auszufüllen, der nach mir, die Form betreffend, auch etwas Gebogenes, will sagen eiförmig ist. Zudem werden die kosmischen Hintergrundstrahlen von Anfang an wahrscheinlich unzählige Male gravitativ abgelenkt, etwa durch Quasare, Galaxien, Galaxienhaufen, Galaxiensuperhaufen, Sterne und Planeten, so dass sie letzt-

Meine gegebene Ableitung kann indes schon mal als eine schlüssige Darlegung der angezeigten Form des Universums erachtet werden, aufgrund bisheriger astronomischer Beobachtungen dazu. Gelieferte Daten der US-amerikanischen Raumsonde WMAP bspw. deuten tatsächlich darauf hin, dass das Universum formal ein Ellipsoid ist. Als Ursache dieser Elliptizität zieht man standardmäßig z. B. ein bereits bei der Entstehung des Kosmos vorhandenes universales Magnetfeld in Erwägung. Das ist aus meiner alternativen Sicht der Dinge freilich abwegig. Ich kann hier allerdings auch nur Plausibilität im Kontext meiner Kosmologie beanspruchen, denn es fehlen natürlich auch mir entsprechende Beweise. Nach der Urknalltheorie müsste das gegenwärtige Universum stofflich zwar flach gebogen, raumzeitlich allerdings schön rund, das heißt kugelförmig ausgeprägt sein, wobei sich an seiner äußeren Grenze rundum notwendig die Materie verteile. Etwas Kompaktes (Weltall als „Uratom"!), das anfangs explosionsartig zersprengt wird, verteilt sich des Weiteren schließlich gleichmäßig immer weiter (dank universal wirkender „Dunkler Energie"!) in alle Richtungen, solange keine Gegenkraft dazu ein Übergewicht bekommt. Die Hülle des so sich riesig aufblasenden „Luftballons" Weltall mache das aus, was Astronomen begrenzt beobachtend als die „Flachheit des Universums" erkennen.

Im Übrigen ist von meiner Kosmologie abzuleiten, dass das Universum höchstwahrscheinlich älter ist, als von uns aus bestimmt, und zwar wegen seiner weitergehenden Ausdehnungsentwicklung nach der RaumZeit-Örtlichkeit der Erde. Wir können das Alter des Weltalls demnach nicht genau in Erfahrung bringen, da wir uns in der Raumzeit

---

lich, von Standorten späterer Raumzeiten aus observiert, von überall herkommen können. Die zukommende Streuung könnte die nahezu perfekte Gleichverteilung der kosmischen Hintergrundstrahlung ausmachen, obwohl ihre Quellenstrahlung (Hawking-Strahlung) nach meiner Theorie zunehmend in Richtung des „Äquators" des Ursprungsschwarzloches entsteht.

geometrisch nicht akkurat lokalisieren können ob astronomischer Unzulänglichkeiten. Demgegenüber meint man, das Alter des Universums vermöge Präzisionsmessungen durch das Weltraumteleskop Planck bereits 2013 sehr genau erkannt zu haben: $13{,}80 \pm 0{,}04$ Milliarden Jahre, insbesondere fußend auf der kosmologischen Standardfestlegung der Mikrowellenhintergrundstrahlung. Das All-Alter glaubt man etwa auch durch Extrapolation (Hochrechnung) der momentanen Expansionsgeschwindigkeit des Universums (Hubble-Parameter) auf den Zeitpunkt hin berechnen zu können, an dem das Universum vermeintlich in einem Punkt komprimiert war. Allein: Diese Bestimmungen hinsichtlich des Alters des Weltalls setzen natürlich voraus, dass der „Urknall" tatsächlich als zeitlicher Beginn des Universums betrachtet werden kann, was gleichwohl nicht gesichert ist, schon wegen der Unkenntnis der physikalischen Gesetze betreffs des kosmischen Zustandes unmittelbar nach dem angenommenen „Urknall".

Was die Standardszenarien der Genese des Weltalls betrifft, so war mir der Big Crunch aus Gründen der Dynamik schon immer am sympathischsten. Ist es denn nicht intuitiv einleuchtend, dass eine langanhaltende Ausdehnung des Universums zwangsläufig mit seiner anschließenden Kontraktion einhergeht? Warum sollte etwas, das sich, durch welche Kraft auch immer, ausbreiten kann, sich nicht auch aufgrund einer entgegengesetzten Energie zusammenziehen können? Schließlich kann man auch irdische Stofflichkeiten wie z. B. ein Stück Eisen jederzeit zur Ausdehnung, zur Vergrößerung bringen, etwa durch Wärmezufuhr, durch umschließenden äußeren Druck bspw. aber zur Kontraktion, also zur Verkleinerung! Im Falle meines Aufrisses zur Evolution des Weltalls bringt eben stofflicher Druck aus dem Ursprungsschwarzloch jenes aktuell zur Ausdehnung und ungestörte Gravitation (bzw. Raumzeitkrümmung) der zentralgalaktischen Schwarzlöcher wird es dereinst zur allmählichen Verkleinerung durch kontinuierliche Verdichtung bringen.

Das „offene" und das „ebene" Universum der Standardtheoretiker sind evident von statischer Qualität, denn das eine Mal geht hier etwas (die zunehmende Ausdehnung) immer so weiter, das andere Mal bleibt etwas (das Weltall) bei einer bestimmten Raumzeit prinzipiell immer so, wie es bei dieser ist. Wie sich aber schon an allen irdischen Entwicklungen feststellen lässt, sind die Zusammenspiele von Materialien und Kräften, zumindest auf lange Sicht gesehen, doch immer etwas durchaus Dynamisches, das heißt etwas, das zu gegebener Zeit auf bestimmte Weise abläuft, und unter anderen Umständen auf andere Art. Bezüglich der expandierenden Wirkung des Alls ändern sich die Umstände aber nicht laut Standardmodell, denn es sei und bleibe eben immer *all*seits jene stetige Kraft dieser mysteriösen „Dunklen Energie", die das Universum massemäßig auseinandertreibe und dabei raumzeitlich vergrößere, entweder unendlich oder zumindest bis zu einer gewissen Raumzeit, zu der es materiell nicht mehr weiter auseinandergehe.

Für den Betrieb eines dynamisch „geschlossenen Universums" reiche die vorhandene Materie der Sichtbarkeit bei weitem nicht aus. Es wird unter kosmologischen Standardtheoretikern aber trotzdem als Möglichkeit in Erwägung gezogen, da man schließlich auf die Wirkung der vorausgesetzten „Dunklen Materie" zurückgreifen kann, um insgesamt genügend Gravitation ins lichte All zu bringen, so dass es irgendwann wieder in der Lage sein könnte, sich zusammenzuziehen. Mutmaßlich sind diesbezüglich die Räume zwischen den Galaxien leicht mit „Dunkelmaterie" durchsetzt und zudem sei diese verdichtet in ihnen vorhanden. Durch die *all*gegenwärtige Gravitation der „Dunklen Materie" im Verein mit derjenigen aller hellen Materie kommt die Expansion des Universums nach einer bestimmten Zeit, so die Theorie hier, zum Stillstand, worauf es sich insgesamt zusammenzieht. Die Galaxien bewegen sich somit wieder aufeinander zu. Eine Umkehrung der gegenwärtig festzustellenden Entwicklung des Weltalls tritt ein, und zwar eben hauptsächlich Dank der Anziehungskraft der „Dunklen Materie", die mit gravitativer Unterstützung durch die sichtbare Materie bei einer gewissen Weite der Ausdehnung des Kosmos die Oberhand über die expandierende Kraft der „Dunklen Energie" gewinnt.

Im Gegensatz zu seiner offenen Interpretation also zieht sich das Universum geschlossener Art standardtheoretisch ab einer bestimmten Raumzeit immer weiter zusammen, bis alle Materie prinzipiell in einem einzigen Punkt (Uratom) versammelt ist. Dieser Hergang komme mit dem Verschwinden des Universums durch den „Big Crunch" gleich, dem theoretischen Gegenstück zum Urknall, dem „Big Bang". Entweder nimmt man, hier angekommen, den ewigen Tod des Universums an, oder aber (man lese und staune!) ein Comeback des Alls durch einen weiteren Urknall. Auch ein solch runderneuertes Universum sozusagen würde dann irgendwann wieder mit einem „Big Crunch" enden, gefolgt von einem abermaligen Urknall und so weiter. Diese Vorstellung eines sich periodisch entfaltenden und anschließend wieder kollabierenden Weltalls bezeichnet man als „pulsierendes" oder „oszillierendes" Universum. Meine Kosmologie beansprucht zwar ein oszillierendes All, ist in dynamischer Hinsicht aber nicht auf einen geheimnisvollen „Big Bang" und „Big Crunch" quasi aus Nichts beziehungsweise quasi ins Nichts angewiesen.[41]

---

41 Szenarien des Typs oszillierendes Universum standen während der Entwicklung meiner Kosmologie zugegebenermaßen schon hoch im Kurs. Zeitgenössische Vertreter dieser Variante des Geschehens mit dem Weltall in letztlich traditioneller Manier sind etwa der indische Physiker Abhay Ashketar und mein Physiker-Landsmann Martin Bojowald. Ob etwa Letzterer gleichsam aus allen kosmischen Wolken fiel, falls und als er von meiner energischen Interpretation eines oszillierenden Universums Kenntnis nahm? Ich weiß es nicht! Wie dem auch sei, wurde Bojowald vor meiner beginnenden wissenschaftlichen Anerkennung in der Öffentlichkeit schon als „Nachfolger Einsteins" hochgelobt, vor allem in Bezug auf sein Buch „Zurück vor den Urknall. Die ganze Geschichte des Universums" aus dem Jahre

Nach meiner Kosmologie ist es auch nicht die Wirkung einer schwammigen „Dunklen Energie", sondern sind es örtlich zuströmende Massen samt Energie (Ur-Jets und Hawking-Strahlung), stammend eben aus dem Ursprungsschwarzloch, die das Universum raumzeitlich zunehmend ausweiten. Was nun die andere Größe betrifft, die im kosmologischen Standardrahmen mit dem Keine-Ahnung-Label der „Dunkelheit" auftritt, so wird die „Dunkle Materie" im Kontext meiner Kosmologie durch die gravitativen (bzw. raumzeitkrümmenden) Fernwirkungen der zentralgalaktischen Schwarzlöcher ersetzt. Dementsprechend ist es gemäß meiner Theorie nicht vorwiegend die vorhandene lichte Materie einer Galaxie, welche diese durch gegenseitige Massenanziehung gravitativ zusammenhält, sondern die weitreichende Anziehungskraft, die das betreffende zentralgalaktische Schwarzloch auf seine galaktische Umgebung ausübt. Das gilt hypothetisch übertragen ebenso für Galaxienhaufen und Galaxiensuperhaufen samt zukommender Schwarzlöcher zentralgalaktischer Art. Nach herkömmlicher Berechnung ist der Anteil der „Dunklen Materie" an der Gesamtmasse des Universums über fünfmal so hoch wie derjenige der gewöhnlichen (sichtbaren) Materie; das heißt, es müssten sage und schreibe 27 Prozent „Dunkelmaterie", neben fünf Prozent Normalmaterie, im All existent sein, um Galaxien, Galaxienhaufen und Galaxiensuperhaufen gravitativ (raumzeitkrümmend) zusammenzuhalten. Wo indes dieser hohe Anteil jeweils lokalisiert ist und aus was sich „Dunkle Materie" überhaupt zusammensetzt, darüber herrscht unter den Standardtheoretikern eine große Unwissenheit („Dunkelheit").[42]

2009. Zum Unterschied und Vorteil meiner Kosmologie gegenüber denjenigen Bojowalds und Ashketars wird später noch näher eingegangen.

42 Gleichwohl gibt es zur strukturellen Veranschaulichung der „Dunklen Materie" längst blendende Darstellungen, die man Supercomputern entzieht, nachdem sie entsprechend mit Daten gefüttert wurden. Simulationen der „Dunklen Materie" heben auch auf Bilder des Hubble-Teleskops ab, die hier und da verzerrte Galaxien zeigen. Als Grund dafür schickt man Wolken aus „Dunkler Materie" vor, welche

Was legt die Annahme von der „Dunklen Materie" nach Denkschema F eigentlich so dringend nahe? Nun, es sind überraschende astronomische Beobachtungen, bewerkstelligt durch verbesserte Teleskopentechnik seit den 1930er-Jahren, die sie feilboten! Hauptsächlich heißt das, dass sich außersonnensystemische Himmelskörper nicht genau so bewegen, wie sie es gravitationsgesetzlich eigentlich müssten. Dafür kann es sachlich nur zwei Gründe geben: Entweder Newtons Gravitationstheorie stimmt nicht ganz für Vorgänge außerhalb unseres Planetensystems oder aber die Theorie trifft generell zu und folglich gibt es unscheinbare zusätzliche Massen im All, die erkennbare Bewegungen in ihm gravitativ mitbestimmen. Beide Möglichkeiten wurden zur Erklärung des rätselhaften Phänomens hypothetisch weiter verfolgt. Einerseits baute und baut man hierin vorläufig bis heute eben auf die „Dunkle Materie", andererseits stellte man dazu eine neue Theorie für die Bewegung von Himmelskörpern auf, die sogenannte *modifizierte Newtonsche Dynamik*, die abgekürzt als „MOND" bezeichnet wird. Mit dieser kann man zwar bspw. das Rotationsverhalten von Spiralgalaxien ohne Anziehungskraft seitens „Dunkelmaterie" begreiflich machen, bekommt aber die Umdrehungen anderer Galaxientypen und weitere Beobachtungen, die auf die Existenz von gravitativ zusätzlich wirkenden Massen hindeuten, nicht richtig in den Griff. Angesichts solcher Schwierigkeiten mit MOND ist es verständlich, dass traditionelle Kosmologen und Astrophysiker mehrheitlich lieber auf die Alternative „Dunkle Materie" vertrauen. Die modifizierte Newtonsche Dynamik wurde 1983 vom israelischen Physiker Mordehai Milgrom dargeboten. Durch gravitativ angepasste Bewegungsgleichungen sollte damit auf die Standardvoraussetzung der „Dunklen Materie" verzichtet werden können. Meine Kosmologie

---

die Lichter der Galaxien ablenken würden. Wer sich einen solchen Simulations-Abklatsch mal anschauen möchte, der sei stracks auf das Internet verwiesen: https://de.wikipedia.org/wiki/Dunkle_Materie#/media/File:COSMOS_3D_dark_matter_map.jpg

befürwortet diesen Verzicht zwar, hält jedoch Newtons Gravitation beziehungsweise Einsteins Raumzeitkrümmung weitgehend in Ehren.

Da „Dunkle Materie" und „Dunkle Energie" bisher keineswegs direkt nachgewiesen werden konnten, ist es wohl berechtigt, sie durchweg in Anführungszeichen zu setzen. Zwar können auch mein vorausgesetztes Ursprungsschwarzloch und meine postulierten zentralgalaktischen Schwarzlöcher, so wie ich sie vorgebe, nicht unmittelbar aufgezeigt werden, allein ich argumentiere für sie in kosmologischen Zusammenhängen und nicht etwa in solchen astreiner Astrophysik, die als Teilgebiet der Astronomie gewiss mehr zu den Erfahrungswissenschaften zu zählen ist als die Kosmologie. Ähnlich wie zur schleierhaften „Dunklen Energie" schossen auch zur „Dunklen Materie" Spekulationen ins Kraut, was es mit ihr eigentlich alles auf sich haben könnte. Stofflich kann diesbezüglich zwischen baryonischer (normaler) und nicht-baryonischer (nicht-normaler) „Dunkelmaterie" unterschieden werden. Als ihre baryonischen Kandidaten zieht man kaltes Gas, kalte Staubwolken oder sogenannte Braune Zwerge in Erwägung. Ersteres wäre zwar ohne Strahlung, im Gegensatz zu heißem Gas, und demnach nicht erkennbar („dunkel"), würde aber unmöglich die benötigte Masse an „Dunkler Materie" allein stellen können, selbst wenn es welt*all*weit groß vorkommen würde. Mit der Option kalter Staubwolken als normaler „Dunkelmaterie" hat man ein ähnliches Problem. Zwar würden auch sie keine Strahlung von sich geben und somit unsichtbar sein, allerdings wären hier so große Mengen an Staub nötig, dass sie die Entstehung von Sternen maßgeblich beeinflussen würden, was nicht nachgewiesen werden kann. Unter Braunen Zwergen schließlich stellt man sich etwa jupitergroße Himmelskörper von so geringem inneren Druck vor, dass keine Kernfusion in ihnen stattfinden könnte, so dass sie nicht strahlen würden und also direkt nicht sichtbar wären. Mittelbar augenscheinlich wäre ein Brauner Zwerg indes dann, wenn er sich bei seiner

Beobachtung gerade vor einem Stern aufhielte, denn somit würde dieser als natürliche Gravitationslinse dessen Strahlung ablenkend bündeln. Tatsächlich glaubt man das zwischen der Erde und der Großen Magellanschen Wolke (d. i. eine Zwerggalaxie neben der Milchstraße) vereinzelt beobachtet zu haben.

Wenn aber überhaupt, dann können Braune Zwerge rechnerisch auch nur einen kleinen Teil aller gravitationsgesetzlich angezeigten „Dunkelmaterie" ausmachen. Auch addiert mit den anderen beiden baryonischen Kandidaten (+ Kaltes Gas + Kalte Staubwolken) lässt sich die gemäß Newton fehlende Materie der Dunkelheit schwerlich durch Braune Zwerge zusammenbringen. So wurde auch tatsächlich schon auf die Schwarzen Löcher als etwaig großes Reservoir an „Dunkler Materie" hingewiesen. Hinter den Ereignishorizonten aller Schwarzen Löcher des Universums zusammengenommen vermuten Experten immerhin viele Trilliarden Sonnenmassen. Vor dem Hintergrund der Unterscheidung zwischen nicht-baryonischer und baryonischer (normaler) Materie zählt man Schwarzlöcher wenn, dann zwar zur letzteren, die Natur ihrer brutal verdichteten Massen ist im Detail jedoch freilich völlig unklar, denn man kann ja unmöglich in solche Löcher hineinspähen.

Unter dem Begriff nicht-baryonischer „Dunkelmaterie" kursieren weitere Kandidaten zur Identifikation mit der leidigen „Dunklen Materie", die man sich nicht kalt, sondern heiß vorstellt. Obwohl die nicht-baryonische Materie eher exotischer Natur ist (nicht-normale Materie!), betrifft der Begriff der „Dunklen Materie" im engeren Sinne nur die nicht-baryonische Form davon. Physiker zählen Elementarteilchen zu dieser Art von Materie, die sie bereits nachgewiesen haben oder die sich im Rahmen ihrer theoretischen Modelle anbieten. Am populärsten unter ihnen sind wohl die schwach wechselwirkenden Neutrinos. Mit den Neutrinos hat man indes abermals das Problem, dass ihre größtmögliche Gesamtmasse im All bei Weitem nicht ausreichen würde, um die Menge aller berechneten „Dunkelmaterie" vollständig beliefern zu können. Diesbezüglich scheinen die schwergewichtigen Verwandten der Neutrinos mehr herzugeben, nämlich die sogenannten, mutmaßlich ebenfalls schwach wechselwirkenden WIMPs (engl.: *Weakly Interacting Massive Particles*, also schwach wechselwirkende, massive Teilchen).[43]

Auf ein en vogues kosmologisches Theorie-Spielzeug, das den pompösen Namen „Supersymmetrie" abgekriegt hat, will ich hier im Rahmen der Präsentation nicht-baryonischer „Dunkelmaterie" nicht weiter eingehen, obwohl es da prinzipiell relevant ist. Es gehört aber eher ins hochabstrakte Reich der Stringtheorie, in deren Begründungszusammenhang man die physikalisch abgehobenen Kalkulationen auf die Spitze getrieben hat. Besonders hinsichtlich der Stringtheorie sei verlautet, dass ich mir mit der Entwicklung und bisherigen Wirkung meiner metaphernlastigen Kosmologie schon nicht wenige professionelle Feinde, wie eben speziell Stringtheoretiker, gemacht habe. Offenbar sehen sie

---

43 Eigens auf die erdachten WIMPs hat man es im Vorschub nicht-normaler Materie probehalber abgesehen, und zwar speziell im Rahmen des chronisch kränkelnden CRESST-Experimentes, angesetzt im größten Untergrundlabor der Welt beim italienischen Gran Sasso (1.400 m unter der Erde). Damit glaubt man immer noch den direkten Nachweis von „Dunkler Materie" bewerkstelligen zu können, was von 1999 bis dato nicht gelang. Von dem über 20-jährigen Misserfolg lässt man sich aber nicht abschrecken, denn erstens würden sich die Rückstoßenergien von WIMPs, die aufgespürt werden sollen, als Ereignisse dort nur einige Male pro Jahr zeigen und zweitens seien diese spärlichen Auftritte erschwerend von den natürlichen Radioaktivitätsereignissen zu unterscheiden, die trotz experimenteller Tieflage vor Ort nicht alle abzuschirmen sind, sondern auch hier noch weit öfter vorkämen als WIMP-Ereignisse. Was für eine eingebildete Versuchsanordnung, die ihre enormen Gesamtkosten weiterhin wert sein soll, kann ich da nur abtrünnig fragen bzw. ausrufen?!

durch meine wuchtige Alternative ihre spekulativen Grundlagen bedroht.[44]

Hinsichtlich der astronomischen Beobachtungsgeschichte, die zur Annahme der „Dunklen Materie" geführt hat, lassen sich vier einschneidende Kuriosa anführen, wobei alle Lösungen der aufgetauchten Probleme dabei unter der Voraussetzung unterbreitet wurden, dass die Massenanziehung durchweg dem Newtonschen Gravitationsgesetz beziehungsweise Einsteins Allgemeiner Relativitätstheorie gehorcht:

- Erstens fand der niederländische Astronom Jan Hendrik Oort 1932 heraus, dass der Umfang der Scheibe der Milchstraße kleiner ist, als es sich aus der gegenseitigen Anziehungskraft zu beobachtender Sterne darin erklären lässt, was weitere unbeobachtete Materie in unserer Galaxie nahelegte, um das Loch sozusagen zu stopfen. Oort spekulierte diesbezüglich bereits über die Existenz von, so wörtlich, „nebulöser, dunkler Materie". Diese ist nach meiner Kosmologie im Grunde genommen vorhanden, und zwar insofern, als sie die überraschende Kleinheit unserer Galaxie, ebenso wie die entsprechenden Gedrängtheiten anderer Galaxien, auf die zusätzliche Gravitationskraft (Raumzeitkrümmungskraft) der Massen zukommender zentralgalaktischer Schwarzlöcher zurückführt.

- Zweitens machte der Schweizer Physiker und Astronom Fritz Zwicky schon 1933 darauf aufmerksam, dass der Coma-Haufen (ein Galaxienhaufen aus über 1000 Einzelgalaxien) nicht durch die

---

44 In privatimer Hinsicht habe ich mir mit meiner Kosmologie sogar die vormals gute Beziehung zu meiner Frau zerstört, ebenfalls Vertreterin der Stringtheorie. Höchstwahrscheinlich wird mein privates Eheglück noch ganz an meinem beruflichen Theorieglück zerbrechen, denn ich bin letztlich nicht gewillt, meiner Logik zum Kosmos einzelnen Menschen zuliebe abzuschwören. Das bin ich meiner Art Homo sapiens, gedacht und gefühlt, schuldig.

Gravitationswirkung seiner beobachtbaren Bestandteile (hauptsächlich die Sterne der Galaxien) alleine einen so dichten Bestand haben kann, sondern dass vielmehr das 400-fache der dort sichtbaren Materie notwendig sei, um den Haufen gravitativ zusammenzuhalten. Zwickys gewagte Behauptung, dass dieser große Fehlbetrag durch das Wirken „Dunkler Materie" ausgeglichen werde, stieß seinerzeit in der Fachwelt noch auf breite Ablehnung. Später gab man diese Abwehrhaltung gegenüber „Dunkler Materie" schließlich mehr und mehr auf, weil man keine bessere Erklärung für derartig rätselhafte Phänomene des Defizits hatte. Ich allerdings lieferte einen solchen Aufschluss, indem ich relevante Kräfte hierzu eben der gravitativen Aktivität relevanter zentralgalaktischer Schwarzlöcher zuschrieb.

- Die skeptischen Einstellungen gegenüber „Dunkler Materie" wurden spätestens seit 1960 weniger, als drittens die US-amerikanische Astronomin Vera Rubin durch die Analyse von Sternbewegungen in Spiralgalaxien erneut die Problematik scheinbar fehlender Masse zwecks Schwerkraft aufzeigte. Die Umlaufgeschwindigkeiten betreffender Sterne hätten mit zunehmendem Abstand von den Galaxienzentren nämlich um ein Beträchtliches niedriger sein müssen als tatsächlich festgestellt. Seit Rubins Entdeckung wurde die These von der Existenz „Dunkler Materie" breit diskutiert und nachfolgend wegen weiterer Beobachtungen von anscheinend grundlos wirkender Gravitation in größeren astronomischen Anordnungen als Galaxien zunehmend vertreten.

- Betreffs großräumiger Durchmusterungen von Galaxienhaufen und Galaxiensuperhaufen etwa wurde viertens deutlich, dass diese Zusammenschlüsse nicht allein durch die Anziehungskräfte ihrer jeweils sichtbaren Materie bewerkstelligt werden konnten. Von dieser war insgesamt pro Zusammenschluss einfach zu wenig anwesend, um mittels gegenseitiger Gravitation (bzw. gegenseitiger Raumzeit-krümmung) das jeweils vorhandene Beisammensein zu erzeugen.

Die obigen Fehlanzeigen im weitschweifig geprüften All des Lichts gemäß Newtonscher Gravitation (bzw. Einsteinscher Raumzeitkrümmung) lassen sich nach meiner Kosmologie zwar auch jeweils auf die Schwerkraft unsichtbarer Massen zurückführen, aber nicht auf diejenige angenommener „Dunkler Materie" außerhalb Schwarzer Löcher, sondern auf diejenige von Massen innerhalb solcher. Entsprechende Massen samt Gravitationswirkungen (Raumzeitkrümmungen) liegen nach meiner Theorie sowohl für den großen Zusammenhalt des Kosmos dank des amtierenden Ursprungsschwarzloches vor, als auch speziell für die kleineren Zusammenhalte von Galaxien, Galaxienhaufen und Galaxiensuperhaufen dank der zentralgalaktischen Schwarzlöcher. Gleichwohl baue ich im Hinblick auf empirische Daten darauf, dass die Anziehungskraft des Ursprungsschwarzloches auf das Rest-All durch seine materielle Druckwirkung auf dieses derzeit mehr als ausgeglichen wird, die es (das Ursprungsschwarzloch) qua Hawking-Emission und Ur-Jets hypothetisch ausübt, wodurch sich das Universum gegenwärtig ausdehne.

Demgegenüber können Galaxienhaufen und – noch weitreichender – Galaxiensuperhaufen im Rahmen meiner Kosmologie schon als schwerkraftmäßige (raumzeitgekrümmte) Zusammenrottungen von lichter Materie samt zukommender zentralgalaktischer Schwarzlöcher interpretiert werden, die ansatzweise schon auf die allgemeine Masseneinkehr in das zeitlich nächste Ursprungsschwarzloch hindeuten. Unser heimischer Galaxienhaufen z. B., die Lokale Gruppe, wird dominiert von der Milchstraße und der Andromedagalaxie M31, indem sie zusammen 95 Prozent des Masseanteils darin stellen.[45] Was meine Unterstellung

---

45 Apropos „Galaxienhaufen": Aufgrund der signifikanten Ansammlungen von Galaxien (*Filamente*), mit großen dazwischenliegenden Leerräumen (*Voids*), spricht

der „Zusammenrottung" angeht, so preise ich die astronomische Tatsache, dass Andromeda und Milchstraße mit rund 400.000 Kilometern pro Stunde aufeinander zurasen, als eine Folge davon an, dass sie sich gegenseitig verhältnismäßig stark anziehen, insbesondere was ihre zentralgalaktischen Schwarzlöcher angeht. Die Teilhaber an der Lokalen Gruppe sind übrigens nicht gleichmäßig im Galaxienhaufen verteilt, sondern je nach gravitativem Verbund zu mehreren Untergruppen zusammenzufassen. So erhält man etwa die große Milchstraßen-Untergruppe, mit der Milchstraße und ihren relativ zwergenhaften Satellitengalaxien, und die große Andromeda-Untergruppe, mit M31 und ihren umkreisenden Zwerggalaxien (u. a. Andromeda IX). Eine kleine Untergruppe der Lokalen Gruppe lässt sich bspw. mit dem sogenannten Dreiecksnebel ausmachen.

Die notwendige Masse meines aktuell existenten Ursprungsschwarzloches und die nötigen Massen zentralgalaktischer Schwarzlöcher könnten bei Kenntnis aller einzelnen Gegebenheiten des lichten Weltalls zwar prinzipiell ermittelt werden, was im Hinblick auf die Stimmigkeit meiner Kosmologie jedoch nicht groß bedeutsam wäre. Schließlich gehe ich davon aus, dass die gravitativen Fernwirkungen des Ursprungsschwarzloches und der zentralgalaktischen Schwarzlöcher emergente Einflussgrößen sind, die von der Eigenart ihrer Massen herrühren. Auch wenn wir diese Massen im Einzelnen genau kennen würden, so könnten wir dadurch ihre Wirkungen nach außen hin nicht vollends herleitend erklären. Emergenz besagt – zur Erinnerung – ,

man in Fachkreisen vom „klumpigen" Universum (*Wabenstruktur*). Apropos „Lokale Gruppe": Man zählt sie zum so benannten Virgo-Superhaufen und hat traditionell auch das Dunkelheitsproblem mit ihr. Computersimulationen zufolge müsste die Lokale Gruppe nämlich etwa 300 bis 500 Zwerggalaxien beherbergen. Es lassen sich darin aber nur um die 70 leuchtende davon finden. Die fehlenden Zwerggalaxien hier werden wie üblich mit „Dunkler Materie" abgespeist und prompt „Dunkle Galaxien" genannt.

dass die spontane Herausbildung von neuen Eigenschaften oder Strukturen (gravitative Fernwirkung!) eines Systems (z. B. System Ursprungsschwarzloch!) infolge des Zusammenspiels seiner Elemente geschieht, ohne dass diese Eigenschaften oder Strukturen zwingend von dem Zusammenspiel der Elemente abgeleitet werden könnten. Die gravitativen Fernwirkungen von zentralgalaktischen Schwarzlöchern und die gravitative Fernwirkung des Ursprungsschwarzloches sind vor diesem Hintergrund nicht etwa auf teilchenphysikalische Gesetzlichkeiten herunterzubrechen, sondern sind Folgen der Selbstorganisation ihrer Massen.

Das traditionelle Tappen im Dunkeln in Bezug auf anziehende Wirkungen und eine abstoßende Wirkung im All („Dunkle Materie“, „Dunkle Energie“) wird durch meine Kosmologie sozusagen in ein hellsichtiges Spekulieren transformiert. So meine ich jedenfalls und immer mehr interessierte andere Ichs. Auch die brennende Frage, was vielleicht vor dem Urknall war und wodurch er verursacht wurde, wird durch Schlüsse des kosmologischen Standarddenkens wohlweislich ausgeblendet, indem sie etwa als unsinnig hingestellt wird. Denn alles Mögliche an Raum, Zeit und Materie samt Energie ist gemäß Urknalltheorie erst durch den Urknall entstanden, wenn man einmal vom „Uratom“ und von „Gott“ absieht. Hierdurch wird der hypothetischen Erkundung zum „Davor“ durch eine bloße fachliche Behauptung (d. h. m. E. stümperhaft) die Grundlage entzogen, denn einen Raum, in dem etwas hätte existieren und womöglich mit der Zeit hätte stattfinden können, gab es vor dem Urknall per definitionem nicht. Strikt zurückgedacht von seiner heutigen stofflichen Ausdehnung aus jedoch, so konstatieren gemeinhin kosmologische Standardtheoretiker, müsste das Universum aus einer verschwindend geringen Masse mit äußerst geringer Ausdehnung, gleichsam nur von einem Punkt aus, explosionsartig entstanden sein. Physikalisch ist diese Ableitung jedoch hochspekulativ[46] und widerspricht dem Energieerhaltungssatz, wenn man denn (gut einsteinisch) davon ausgeht, dass Energie etwas ist, das proportional notwendig an Masse gebunden ist. Zudem verweist die gemeint professionelle Ableitung quasi als Endpunkt (Anhaltspunkt) der Welterklärung natürlich auf eine Metapher, nämlich auf das „Uratom" oder „kosmische Ei" Lemaîtres als Geburtspünktchen beziehungsweise Geburtskügelchen des Universums.

Ich unterbreite zwar fürwahr auch ein bildliches Angebot zur Ausdeutung der Entstehung aller heutigen Welt, aber ich verstoße dabei nicht gegen den ersten Hauptsatz der Thermodynamik, das heißt gegen das Naturgesetz von der Erhaltung der Energie. Der entsprechende Energieerhaltungssatz besagt bekanntlich, dass Energie niemals zu Nichts werden kann, sondern in seiner Menge erhalten bleibt und dass sie auch nicht aus Nichts entstehen kann, sondern sich nur von Form zu Form wandelt. Systemtheoretisch ausgedrückt meint der Energieerhaltungssatz, dass die Gesamtenergie eines abgeschlossenen Systems sich mit der Zeit nicht von selbst ändern kann, will sagen ohne die Einwirkung von außen. Zwar kann hier Energie zwischen verschiedenen Sorten umgewandelt werden, etwa von Wärmeenergie zu Bewegungsenergie, es ist jedoch nicht möglich, dass Energie innerhalb eines abgeschlossenen Systems aus Nichts entsteht oder zu Nichts vergeht.

Die kosmologischen Standardtheoretiker setzen das Universum offenbar nicht als abgeschlossenes System voraus oder aber sich über Naturgesetze hinweg, wenn sie es samt Energie hypothetisch aus dem Nichts

---

46 Sie baut z. B. auf das bislang rein theoretische Potential des „falschen Vakuums". Weitere Theoreme, die eine All-Entstehung schier aus dem Nichts nahelegen sollen, sind unter den nicht weniger gewitzten Begriffen wie eben der „Vakuumfluktuation" (Edward Tryon) und des „quantenmechanischen Tunnelprozesses" (Alexander Vilenkin) bekannt geworden.

beziehungsweise fast Nichts (Uratom) entstehen lassen. Ich dagegen rechne insgesamt mit der energetischen Geschlossenheit des Alls, das heißt sowohl im Hinblick auf den lichten Teil der Betrachtbarkeit als auch bezüglich des dunklen Parts an Schwarzlöchern seiner gegenwärtigen Ausprägung. Bei mir entsteht nichts aus dem Nichts und es vergeht nichts ins Nichts, sondern die Anfänge und Enden von lichtdurchfluteten Welträumen bspw. sind meinerseits als Umformungen von Massen durch Änderungen ihrer Energiezustände auszudeuten.

Der Energieerhaltungssatz ist ein ehernes Gesetz der Naturwissenschaft. Die physikalischen Standarddenker verstoßen dagegen, wenn sie das Universum aus dem prinzipiellen Nichts entstehend („Big Bang") oder ins prinzipielle Nichts eingehend („Big Crunch") interpretieren. Unter einem abgeschlossenen System versteht man physikalisch eines ohne Energie-, Stoff- oder Informationsaustausch mit der Umgebung und überhaupt ohne Wechselwirkung mit ihr. Wenn ich das Weltall als abgeschlossenes System annehme, dann schließe ich dafür alle möglichen Vorgänge einer Wechselbeziehung mit einer erdenklichen Umwelt aus. Die energetischen Größen, welche die Standardphysiker als Urknall und Schöpfergott (unbewegter Beweger) bezeichnen, gehören nach ihrem Kalkül offenbar nicht zum System „Weltall", sondern zu seiner Umwelt, zum Außerhalb des Universums sozusagen. Folglich erachten sie das Weltall nicht als abgeschlossenes System, wenn sie jene Größen, oder eine jener Größen, als Voraussetzungen beziehungsweise als Voraussetzung für sein Entstehen annehmen. Dem entspricht, dass nach traditioneller Vorstellung etwa des oszillierenden Universums sehr wohl Energie darin verlorengehen wird und quasi aus Nichts entstanden ist, und zwar gleich die ganze Energie des Weltalls beim Big Bang beziehungsweise Big Crunch.

Im Hinblick auf mein Weltall hingegen kann, der nüchternen Idee nach, keinerlei Energie zunichtewerden oder wundersam entspringen, sondern sie wandelt sich darin bloß von Form zu Form, von einem massegebundenen Zustand in einen jeweils anderen. Und zwar durchgreifend dann, wenn ein volldunkles All, bestehend „nur" aus einem Ursprungsschwarzloch, damit beginnt, sich in ein lichtes All mit Folgeschwarzlöchern zu ergießen und umgekehrt. Welche Art von Raum, mitunter Zeit, Energie und Materie in Ursprungsschwarzlöchern waltet oder welcher Typ von Raum, Zeit, Energie und Materie etwa in zentralgalaktischen Schwarzlöchern herrscht, darüber wird wohl niemals etwas Sicheres herausgefunden werden können. Höchstwahrscheinlich indes wären darin – mit Abstrichen vor allem betreffs letztgenannter Löcher – von Fall zu Fall größtmögliche Gravitation beziehungsweise Raumzeitkrümmung und mithin größtmögliche Verdichtung an Masse anzutreffen. Im Grunde male ich mit meiner Vorstellung betreffs Schwarzer Löcher Robert Laughlins Hypothese aus, dass es sich bei ihnen in Wirklichkeit lediglich um bestehende Phasenübergänge der Raumzeit handelt und nicht etwa um physikalisch unerfindliche „Singularitäten". Bei Vorletzteren kann man sich schließlich noch etwas vorstellen, im Gegensatz zu den letztgenannten Artefakten einer unzulänglichen mathematischen Beschreibung.

Das Entstehen eines Schwarzen Loches kann als eine Transformation an Masse von einem gravitativen Zustand in einen anderen verstanden werden, und zwar durchweg in einen konzentrierteren, will sagen dichteren. Das Höchstmaß erreicht hier nach mir das je entstandene Ursprungsschwarzloch, das alle Materie und Strahlung (Photonen) der je ausgeprägten lichten Umgebung bereits aufgesogen hat und in dem die Masse sich am dichtmöglichsten zusammengedrängt hat. Damit ist, nach meinem Welt*all*bild, eine Befindlichkeit an Universum erreicht, die nur noch Raum samt entsprechendem Inhalt ist, da nichts mehr bei diesem All vonstattengeht, sich an und in ihm nicht das Geringste bewegt. Aus jenem satten und starren Ursprungsschwarzloch hat sich die Zeit gleichsam verflüchtigt, da es sich in keinster Weise mehr rührt, so wie in meinem ausführlichen Antwortschreiben vorne auf den „Text eines Briefes von einem gottesgläubigen Rezipienten an mich zu meiner kosmologischen Theorie" schon dargelegt.

Jene ursprungsschwarzlöchliche Gesamtstarre kommt allerdings einem dermaßen instabilen, weil statisch zerbrechlichen Status des Alls gleich, dass sie nach meinem Kalkül sofort wieder zur Aktivität drängt. Das heißt, dass die Zeit in und an alleinigen Ursprungsschwarzlöchern zwar vollends eliminiert werden kann, aber alles andere als ewig sozusagen. Ab dem Zustand nämlich, bei dem ein einsames Ursprungsschwarzloch masseenergetisch wegen höchstmöglicher Verdichtung in einen Raum ohne Zeit eingetaucht ist, strebt es, obgleich bewegungstot, aus einem dynamischen Impuls heraus zur Bewegung. Es vergeht theoretisch – und mutmaßlich auch praktisch – keine Zeit zwischen dem doppelten Umschlag eines noch minimal bewegten Ursprungsschwarzloches in ein völlig unbewegtes und neuerlich in ein anfänglich bewegtes. Man hat es hier mit den Phasenübergängen der Raumzeit aus der Zeit in den bloßen Raum beziehungsweise vom Raum wieder in die Raumzeit zu tun. Für einen Wimpernschlag Gottes quasi ist diesbezüglich alle Bewegung, mithin die Zeit aufgehoben, worauf Bewegung abermals eintritt und somit Zeit existiert.[47] Diesen Hergang habe ich im Kontext meiner Kosmologie eben als jenen Grund ausgegeben, weshalb eine

---

47 Aufgrund jener Zeitunterbrechung wegen fehlender Bewegung lässt meine Kosmologie keine Möglichkeit der Informationsübertragung von einem bewegten
   Weltall zum nächsten zu. In lichten Universen wie dem gegenwärtigen hat man somit keine Chance, sich im Einzelnen gleichsam an das entsprechende Vorgänger-
   All zu erinnern. Im Übrigen wird auch von traditioneller Seite der Quantentheorie
   her behauptet, dass ein Universum ohne Zeit möglich ist, und zwar durch Hawking
   dahingehend, „dass die Krümmung in Extremfällen so stark sein [kann], dass sich
   die Zeit wie eine weitere Raumdimension verhält." Hawking schreibt dieses Verhältnis dem „frühen Universum" zu, in dem „es praktisch vier Dimensionen des
   Raumes und keine der Zeit [gab]" (Der große Entwurf, 2010, S. 133).

lichtdurchflutete Welt der Bewegung entstehen kann, ohne dass es dafür einen bestimmten Zeitpunkt des Anfangs geben müsste, an dem ein unbewegter Beweger (Aristoteles), theologisch als Schöpfergott interpretiert, planvoll jene Welt entwirft, mit einem Handstreich solchermaßen.

Vorangestelltes ist sicher nicht leicht eingängig, denn wir Menschen sinnieren kausal maßgeblich in den Kategorien Raum <u>und</u> Zeit, um gut durchs bewegte Leben zu kommen – individuell und als ganze Art. Eine höchst kompakte, megamassive Räumlichkeit ohne jegliches zeitliche Geschehen daran und darin mag zwar schwer vorstellbar sein, nach meinem Plan des Weltalls war sie gleichwohl die Bedingung der Möglichkeit dafür, dass es als bewegtes entstehen konnte, ohne dass dafür ein Urknall aus dem Nichts oder ein ewiger Allmachtsgott nötig gewesen wäre.

Zeit ist etwas, das nicht ohne Anfangs- und kaum ohne Endpunkt auskommt, nach normalem Menschenverständnis. Zeitliches Geschehen geht jeweils schließlich auf Ursachen zurück! Die letzte Ursache sozusagen, die Ursache eines Weltraumes ohne Zeit, wird seine entsprechend starke Gravitationskraft bzw. Raumzeitkrümmung sein. Die Zeit geht nach meinem Denken an den Kosmos zu bestimmten Gravitationsraumzeiten immer wieder quasi im erfülltesten Raum auf, der aus sich ewig wiederkünftig die Zeit gebiert, die anfangs jeweils massemäßig relativ unbewegt ist, also recht langsam vergeht, sich aktuell aber bis zur bewegtesten Zeit im Falle des Ausdehnungsmaximums des Universums auswächst.[48] In diesem Zusammenhang sei

---

48 Nebenbei bemerkt wurde die Zeit bereits im Altertum auch als etwas eingeschätzt, das einen zyklischen Charakter hat. Zumindest die Mayas unter den damaligen mittelamerikanischen Völkern sollen die Zeit nachweislich als etwas erachtet haben, das immer wiederkehrt, ganz im Gegensatz zur allgemeinen Auffassung in Europa und großen Teilen Asiens, wo Zeit seit jeher ausdrücklich als etwas gehandelt wurde, das linear in eine Richtung verläuft, vermutlich ewiglich sozusagen.

darauf aufmerksam gemacht, dass die Zeit, wie weithin bekannt (und relativitätstheoretisch korrekt), bereits feststellbar schneller vergeht, je weiter man sich in der Atmosphäre von der Gravitationsquelle Erde entfernt aufhält. Das wurde etwa durch den Vergleich von genauesten Borduhren in dafür eingesetzten Flugzeugen mit akkuratesten Uhren (Atomuhren!) auf dem Erdboden nachgewiesen.[49]

Angesichts ihrer Relativität zeigt sich offenbar, dass es die Zeit an und für sich nicht gibt, sondern sie eine Erfindung des Menschen ist, um sich im bewegten Raum der Welt zurechtzufinden.[50] Was es gibt, ist m. E. halt ein bewegtes oder unbewegtes Etwas, das wir Menschen „Weltall" nennen und das zu keiner Zeit hätte räumlich von der Nicht-Existenz in die Existenz überführt werden müssen (Schöpfung!). Die Frage, wann ein Ursprungsschwarzloch das erste Mal ein bewegtes Universum geboren hat, ist im Grunde widersinnig, denn sie kann nur im schon Bewegten gestellt werden und läuft für das Unbewegte ins Leere. Als Frage in der und über eine Zeit erübrigt sie sich für das Unzeitliche. Hierin zeigt sich

---

49 Wenn ich am Rande unten einen psychologischen Beleg zu diesem Zeiteffekt erwähnen darf: Ist man etwa in eine bewegende, geistig erhebende Gedankenarbeit verstrickt, vergeht die Zeit, immerhin individuell gefühlt, auch schneller als in der normalen Öde des Alltags. Ich hoffe natürlich, dass die vorliegende Schrift vielen interessierten Rezipienten eine solche geistreiche Kurzweil verschafft.

50 An diesem Punkt komme ich theoretisch übrigens mit Julian Barbour überein, der auch davon ausgeht, dass es die Zeit im objektiven Sinne nicht gibt. Barbour radikalisiert diese These allerdings zu der geistigen (platonischen) Verstiegenheit, dass wir Gefangene einer ewigen Gegenwart derart seien, als würde sich die Welt im Großen und Ganzen niemals vom Fleck rühren. In Barbours Modell-Welt „Platonia" existieren vom Prinzip her alle möglichen Bewegungsmomente aller denkbaren Welten gleichzeitig, und zwar eingeschlossen in starren „Zeitkapseln", wodurch Bewegung und also Geschichte nicht mehr sein könnten als perfekte Illusionen. Das ist schwer nachzuvollziehen, meine ich. Ich besitze jedenfalls nicht die Vorstellungskraft, die vierte Dimension (Zeit!) laut Anleitung Barbours wegzudenken. Wie ihr Name schon preisgibt, steckt hinter Barbours Modellwelt die Metaphysik Platons, der uns zum Phänomen der Zeit u. a. folgenden Satz hinterließ: „Die Zeit ist das bewegte Bild der Ewigkeit."

im Besonderen die Begrenztheit der Sprache des Menschen im Hinblick auf das Verständnis von allem, respektive des Alls. Wer hier weitergehen möchte, der nehme meinetwegen ein unerforschliches Allmachtswesen an, das alles einmal aus dem Nichts heraus erschaffen hat. Ich für meinen Teil übe mich hierzu in Bescheidenheit, als agnostischer Weltdeuter dessen sozusagen, was geglaubt immer schon irgendwie da war.

Wie lässt sich jene Entwicklung des zweifachen Phasenüberganges betreffs Ursprungsschwarzlöcher indes physikalisch leichthin plausibel machen, auch wenn ich sie als prinzipiell emergent eingestuft habe? Nun, folgendermaßen meiner blühenden Fachphantasie nach:

Der Übergang von Ursprungsschwarzlöchern aus der Raumzeit in den Raum ohne Zeit rührt ursächlich vermutlich daher, dass gesättigte Ursprungsschwarzlöcher allmählich aufhören sich zu drehen, da keine Materie oder Strahlung mehr auf krummer Raumzeitbahn aus einer lichten Welt auf sie einstürzt und sie folglich anstößt. Ein so skizziertes Ursprungsschwarzloch kehrt theoretisch aus Trägheit *all*gemach zu seinem bewegungslosen Urzustand zurück, von dem aus es des Weiteren zu einem riesigen Universum des Lichts heranwächst. Ein immer langsamer sich drehendes Ursprungsschwarzloch obgleich, bis zum Rotationsstillstand, bewirkt auch immer weniger Fliehkraft auf seinen Körper, bis zu ihrem völligen Aus. An diesem zeitlichen Ende an Drehung und also Zentrifugalkraft, so meine Expertenidee dazu, werden Masse samt Energie des Ursprungsschwarzloches dazu veranlasst, wegen größtmöglicher Gravitationskraft auf höchstmögliche Dichte zusammenzuschmelzen, so dass alle Bewegung darin flöten geht und damit zugleich alle Zeit aus dem Raum erstirbt, der somit in reinster masseenergetischer Erfülltheit übrig bleibt.[51] Nun haben wir nach meinem Design des

---

51 Hier komme ich begründungslogisch ungelogen mit Newtons Empfehlung überein, an einen absoluten Raum zu glauben, entgegen Einsteins Verdikt der Relati-

Weltalls also den Fall eines absolut statischen Ursprungsschwarzloches erreicht, das es aus innerer Fragilität, wie ich mutmaße, Knall auf Fall zu dynamischer Bewegtheit drängt. Der zukommende Phasenübergang vom Raum in die Raumzeit ist entsprechend das Ursprünglichste, was es überhaupt gibt: das erste Bewegungsgeschehen eines sich rührenden Alls, das sich aus der kategorialen Bedingtheit unseres Denkens wohl kaum erschließen lässt, da es kausal in Raum <u>und</u> Zeit gefangen ist, wie bereits Immanuel Kant wusste. Schon im abgedruckten Antwortschreiben auf jenen kritischen Brieftext vorne habe ich allerdings eine physikalische Ahnung dazu zum hypothetisch Besten gegeben, indem ich mich eben auf den Begriff der Dynamik aus statischer Zerbrechlichkeit stütze.

In diesem Begründungszusammenhang sei auf die universale Eigenschaft (Naturgesetz) der *Trägheit* hingewiesen, die andersbegrifflich auch *Beharrungsvermögen* genannt wird. Physikalisch bezeichnet man damit das Bestreben von Körpern, im Zustand der Ruhe oder der gegebenen Bewegung zu verharren, solange keine Kräfte oder Drehmomente auf sie einwirken. Da der physikalische Körper eines zeitlosen Ursprungsschwarzloches nicht irgendwie in Bewegung ist, sondern meiner Idee nach „nur" eine Art räumlicher Zustand an Masse = Energie ist, hat er trägheitstheoretisch das Bestreben, in diesem Zustand zu verharren, solange keine Kräfte oder Drehmomente auf ihn einwirken. Auf ein *all*umfassend gesättigtes Ursprungsschwarzloch wirken hypothetisch keine Drehmomente und Kräfte mehr von außen ein, sodass es allmählich zu rotieren aufhört und somit des Weiteren keine Fliehkraft mehr auf seinen Körper erzeugt. Damit geht einher, dass es gravitationsgemäß auf seinen bewegungslosen Urzustand beharrt („Beharrungsvermögen"), indem es sich auf seine dichtmöglichste Masse zurückzieht,

---

vität alles Räumlichen, Zeitlichen und massemäßig darin Enthaltenem.

die gedacht als einzige absolut rein genannt werden kann (Masse ist hier schließlich gleich Energie).

Abschließend zur Trägheit im Kontext noch folgende Begriffsneubildung meinerseits (Neologismus): Eine Bewegung, die nur unter dem Einfluss der Trägheit erfolgt, heißt fachmännisch *Trägheitsbewegung*. Ein Beispiel hierfür ist die Rotation der Erde. Die Nicht-Bewegung, die nur unter dem Einfluss *all*umfassender Trägheit erfolgt, wie sie zeitlose (rotationslose) Ursprungsschwarzlöcher an sich haben, nenne ich demgemäß Trägheitsunbewegung.

Wie (um alles im Weltall) soll es indes geschehen, dass aus jener absoluten Unbewegtheit eines Ursprungsschwarzloches wieder etwas Bewegtes hervorgeht, das etwa bis zum jetzigen Universum sich ausbreitet? Ich habe das dreist mit der Tendenz zur Dynamik aus statischer Brüchigkeit noterklärt, was der Idee nach mit der sogenannten Symmetriebrechung der Standardphysiker verwandt ist.[52] Grundsätzlich aber können das selbst Experten nicht sicher wissen, denn es ist emergent nach meiner fachlichen Einschätzung, so wie ich es in jener brieflichen Replik vorne schon herausgestellt habe:

„Die Emergenz betrifft, philosophisch formuliert, höhere Seinsstufen, die durch neu auftauchende Qualitäten aus niederen Seinsstufen entstehen. Auf unseren Fall übertragen bedeutet das, dass das alleinige Ursprungsschwarzloch von der Seinsstufe bloßer Räumlichkeit samt

---

52 Als Symmetriebrechung wird in der Physik allgemein die Verletzung einer Symmetrie (Invarianz) und speziell der Phasenübergang von einer Phase oder einem Zustand höherer Symmetrie in eine Phase oder einen Zustand geringerer Symmetrie bezeichnet. Ein Beispiel einer gebrochenen Symmetrie ist etwa die sogenannte CP-Verletzung, die in der traditionellen Kosmologie eine wichtige Voraussetzung dafür darstellt, dass es sichtbare Materie im Universum überhaupt geben kann (Baryonenasymmetrie).

Inhalt, durch die neu auftauchende Qualität der Bewegtheit seiner Masseenergie, in die höhere Seinsstufe raumzeitlicher Existenz übergeht, was immerhin einen Karrieresprung vom Raum in die Raumzeit bedeutet. Systemtheoretisch ausgedrückt besagt Emergenz, dass die spontane Herausbildung von neuen Eigenschaften oder Strukturen eines Systems infolge des Zusammenspiels seiner Elemente geschieht, ohne dass diese Eigenschaften oder Strukturen zwingend von dem Zusammenspiel der Elemente abgeleitet werden könnten. Im betreffenden negativen Fall eines total passiven Ursprungsschwarzloches ist es eben kein Zusammenspiel von Elementen, sondern quasi ein Nicht-Zusammenspiel davon; ein bloßes Beisammensein eines Elementes sozusagen, nämlich der unbewegten Masseenergie (Masse = Energie!) eines nur räumlich existenten Ursprungsschwarzloches, welches (das Beisammensein) die spontane Herausbildung von neuen Eigenschaften oder Strukturen eines Systems bewirkt. Und zwar das Gefüge eines räumlich und zeitlich besetzten Ursprungsschwarzloches, in dem sich Masse und Energie zunehmend voneinander scheiden; bis zum Ausbruch von Strahlung (Hawking-Strahlung) und Massen an Urmaterie (Ur-Jets) zur Speisung einer lichtdurchfluteten Welt.

Der Inhalt von nur räumlichen Existenzen an Ursprungsschwarzlöchern beginnt gemäß jener „Ur-Emergenz", wie ich sie bezeichne, gleichsam zentral zu brodeln und gerät dann immer dynamischer in Bewegung. Analog zur *Materie-Licht-Entkoppelung* nenne ich das im Kontext meiner Kosmologie die *Masse-Energie-Entkoppelung*. Den physikalischen Grund für diese angenommene Scheidung deute ich eben so aus, dass jener zeitlose Zustand des unbewegten Ursprungsschwarzloches ein höchst instabiler, weil statisch vollauf labiler, ist. Durch jenen Grund verschlägt es dieses Schwarzloch also vermutlich prompt in eine beginnende Verkettung an dynamischer Bewegtheit, das heißt in die zeitliche Vergänglichkeit." Soweit wiederholt die relevante Schriftstelle aus dem

Antwortschreiben auf den Brief jenes theologischen Skeptikers gegenüber meiner Kosmologie.

Daran schließe ich hier, wie vorne noch unterlassen, eine Komponente zur Stützung meiner Kosmologie an, welche die Interpretation der Möglichkeit gravitativer Fernwirkungen von Schwarzlöchern betrifft. Solche Wirkungen kann es nach meiner Logik vom Kosmos nämlich nur aufgrund der Masse-Energie-Entkoppelung geben, die in Ursprungsschwarzlöchern einsetzt, da sie sich von bloßen Räumlichkeiten samt Inhalt in Raumzeiten erheben. Somit, das heißt durch die Masse-Energie-Entkoppelung, kann im weitläufigen Weltall wie dem jetzigen Energie sein (Schwerkraft!), obwohl stracks dafür keine Masse als notwendige Bedingung anzutreffen ist. Im Falle von gewaltigen Schwarzen Löchern sind es eben ihre bekundeten Megamassen, die ihre hypothetischen Fernwirkungen an Gravitation auf ihre weite Umgebung erzeugen; zentralschwarzlöchlich auf die jeweils umgebende Galaxie, ursprungsschwarzlöchlich auf das je ganze umgebende Universum des Lichts. Was das gegenwärtige Ursprungsschwarzloch angeht, so wird seine gravitative Fernwirkung auf das All, wie schon mutmaßlich festgelegt, allerdings mehr als getilgt, durch seine energetische Druckwirkung auf es, eben aufgrund seiner vorausgesetzten Einspeisung von Hawking-Strahlung und Ur-Jets. Das festellbare Ergebnis dieses festgesetzten Herganges der Expansion des Universums schieben Standardkosmologen auf die „Dunkle Energie". Aus meiner Sicht der Dinge freilich aus perspektivischer Uneinsichtigkeit.

Meine angenommenen Fernwirkungen an Gravitation der zentralgalaktischen Schwarzlöcher hingegen weisen traditionelle Physiker der vermeintlichen Schwerkraft der „Dunklen Materie" zu, wider bereits besseren kosmologischen Wissens m. E. Die weitestgehende Masse-Energie-Entkoppelung ist nach meinem Szenario der Entwicklung des

Kosmos dann erreicht, wenn er bei seinem Ausdehnungsmaximum angelangt ist. Wir sind damit bei einem zukünftigen Zeitraum des Weltalls, in dem sich das Ursprungsschwarzloch bereits ganz aufgelöst haben wird, nachdem der Vorgang der All-Expansion immer schneller vonstattenging.[53] Die jeweilige Gewalt der Masse-Energie-Entkoppelung eines noch bestehenden Ursprungsschwarzloches bestimmt logischerweise die Stärke der entsprechenden Materie-Licht-Entkoppelung im sich ausweitenden Weltall. Denn je mehr Masse und Energie sich etwa im und am aktuellen Ursprungsschwarzloch raumzeitlich auseinanderentwickeln, desto mehr Licht und Materie können sich aufgrund der damit einhergehenden All-Einspeisung von Hawking-Strahlung und Ur-Jets scheiden. Je mehr Galaxien samt Sterne sich wiederum von Quasaren samt Schwarzlöchern ausgehend, die theoretisch durch jene Einspeisung entstehen, bereits im All entwickelt haben, desto heller erstrahlt es quasi insgesamt gesehen, das heißt umso mehr Licht ist im Ganzen darin vorhanden. Hierzu ist womöglich noch viel davon zu erwarten im Hinblick auf die zunehmende Expansion des Weltalls.[54]

Das gegenteilige Extrem an aufgelösten Ursprungsschwarzlöchern sind gleichsam einsame Ursprungsschwarzlöcher, die bereits alles an vormals umgebende Rest-Universen gravitativ in sich vereinigt haben und die zudem schon raumzeitkrümmlich aus der Zeit in den bloßen Raum gefallen sind, anlässlich null Bewegung an und in ihnen. Solch bewegungslose Ursprungsschwarzlöcher finden sich nach mir zwischen vielen Jahrmilliarden der Reihe nach immer wieder im erfülltesten

---

53 Die beginnende Masse-Energie-Entkoppelung des Ursprungsschwarzloches ist, ironisch bemerkt, die Wurzel allen Übels für die Philosophen gewesen, welche in der Nachfolge Platons dem Allgemeinen verfallen waren und sich daher die Vielfalt der Welt nur durch das Reiten auf dem althergebrachten Individuationsprinzip erklären konnten („principium individuationis").

54 Übereinkommend etwa mit Goethes überlieferter Forderung auf seinem Sterbebett: „Mehr Licht!".

Raum ein, nach den jeweiligen Raumzeiten prinzipiell beobachtbaren Weltallgeschehens. Es ist, wie in jener integrierten Verteidigung meiner Kosmologie gegenüber jenem theologischen Angreifer schon kundgetan, die ewige Wiederkunft desselben, nicht die ewige Wiederkehr des Gleichen, die hier Platz greift. Die bewegten Allwelten des Lichts nacheinander sind insofern vergleichbar, aber bestimmt keinesfalls dieselben, denn es kommt darauf an, was sich jeweils darin ergibt, kosmisch (anorganisch) und evolutionär (organisch). Das ist nach meinem Plan des Alls letztlich vom Zufall bestimmt, denn es lässt sich kausal prinzipiell nur bis zu einer kosmischen Befindlichkeit zurückverfolgen, die selbst keine Ursache mehr sein kann, da hier in keinster Weise mehr Bewegung anzutreffen ist, mithin nichts Zeitliches mehr ist. Es handle sich diesbezüglich eben jeweils um nur räumlich existente Ursprungsschwarzlöcher als komprimierteste Weltalle, die sich ohne Umschweife (von Unnatur aus sozusagen) wieder zu Allen aus Raum und Zeit entwickeln. Und zwar nicht durch plötzliche Urknalle, daherkommend aus dem Nichts oder fast Nichts (Uratom, Kosmisches Ei), sondern durch schlagartige Beginne an Masse-Energie-Entkoppelungen von zeitlosen Ursprungsschwarzlöchern, fußend auf höchst labilen Bewegungsstarren ihrer Inhalte bei größtmöglichen Verdichtungen, als was diese Inhalte auch immer existent sein mögen, hypothetisch als masseenergetische Ur-Essenzen (Masse = Energie!).[55] Ich habe hier

---

55 Wenn die betreffende Fachwelt eine mathematische Weltgleichung, will sagen die von ihr ersehnte „Weltformel" von mir verlangt, dann kann ich nur das schlichte m = E oder E = m für den Zustand des Weltalls als alleiniges und höchst verdichtetes Ursprungsschwarzloch anbieten. Vorher oder nachher ist der Kosmos meines Experten-Erachtens auf keine *all*umfassende Formel zu bringen, da Verschiedenartigkeit (Heterogenität) in ihm herrscht. Als ich das damals im Umkreis meiner Kollegen an der Uni vor meinem Abgang (dazu später) gemeint wohlwollend an die große Glocke hängte, fühlten sie sich mehrheitlich auf die Schippe genommen, worauf Anfeindungen unter ihnen mir gegenüber folgten. Das gab mir über einige Zeit hinweg das Gefühl, ich sei gleichsam ein frecher Bengel, der achtlos die Fensterscheiben im ehrwürdigen Haus der Physik einschlägt.

zwar über Ursprungsschwarzlöcher theoretisiert, aber prinzipiell gibt es solche jeweils nur in der Einzahl, per zyklischer Weltallentwicklung versteht sich. Als völlig bewegungsloses Ursprungschwarzloch ist es eins nach dem anderen – mit raumzeitlichen Unterbrechungen quasi – immer als dasselbe seiend und niemals als ein gleiches, wie dargelegt.

Hinsichtlich der Frage, was vor dem vermeintlichen Urknall war, gibt es, neben meiner, gewichtige Stimmen in unserer Wissenschaft, die sich nicht um eine Antwort drücken. Andererseits gibt es viele physikalische Fachgelehrte, die diese Frage kurzerhand als unsinnig abtun. Hawkings herablassende Antwort auf jene Frage war, wie schon bemerkt, sie sei so sinnlos wie diejenige, was nördlich des Nordpols ist. Solche Repliken wollen den Raum, die Zeit und die Materie samt Energie eben partout erst durch den „Urknall" entstanden wissen, durch den „Big Bang" vor 13,82 Milliarden Jahren, sodass sich die Frage nach einem Davor erübrige. Wenn man indes das Universum, wie z. B. ich, als sich immer wieder aus sich selbst heraus erneuernd betrachtet, kann die angebliche Unsinnigkeit der Frage nach dem „Davor" selbst ad absurdum geführt werden, in alternativer kosmologischer Hinsicht.

Wie ich befürworten etwa John Richard Gott und Li-Xin Li einen immer wiederkehrenden Kosmos aus sich selbst heraus. Die beiden Wissenschaftler nehmen hierbei grundsätzlich (m. E. gesund menschenverständlich) an, „dass das Universum eher aus irgendetwas als aus dem Nichts entstanden ist. Dieses Etwas war es selbst." Sie entwickeln aus diesem, wie ich meine, gefälligen Grundgedanken jedoch keine überzeugende Theorie zur Kosmologie, sondern nur einen, wie ich finde, argumentativ dürftigen Entwurf eines sich selbst, kraft einer sogenannten „Zeitschleife", reproduzierenden Weltalls. Deshalb nehme ich es mir hier heraus, nicht groß darauf einzugehen. Nur so viel sei dazugesetzt, dass eine Zeitschleife, zur Runderneuerung des Alls sozusagen, eine physikalisch höchst mutmaßliche Größe der Verkettung an Zeit ist. Das Universum gerät nach dieser Idee zu keiner Zeit aus der Raumzeit in den bloßen Raum, so wie ich es postuliere, sondern reproduziert sich durch so benannte „Zeitsprünge" von einer Ausprägung in die nächste unendlich selbst. Die Frage bleibt somit aber virulent, die meine Kosmologie schließlich zu beantworten versteht, was im Vorfeld alles geschehen muss, damit sich das kollabierte Weltall räumlich und zeitlich überhaupt wieder in Bewegung setzen kann. Wer sich für die betreffende Konzeption Gotts und Lis näher interessiert, der sei primärliterarisch auf folgende Abhandlung aufmerksam gemacht: Gott, J. R., Li, L.-X.: „Can the universe create itself?" How a time loop at the beginning could allow the Universe to be its own mother, in: *Physical Review D* 58, 1998.

Wenn Sie mich fragen, welche zeitgenössische Kosmologie eines Landsmannes der meinigen am nächsten steht, so verweise ich Sie auf diejenige Martin Bojowalds, die letztlich jedoch, so wie ich es sehe, irrwegig auf die ausgelutschte *Schleifen-Quantengravitationstheorie* (*Loop-Quantum Gravity*, kurz *LQG*) baut. Nach Bojowald existiert das Universum schon immer und habe daher keinen absoluten Anfang gehabt und werde kein absolutes Ende haben, wie es die Reden vom Big Bang beziehungsweise Big Crunch gegenläufig nahelegen. Bojowalds entscheidende Metapher zur möglichen Erneuerung des Alls in Ewigkeit ist diejenige des sich selbst umstülpenden Raumes. Man solle sich das gemäß eines pulsierenden Universums so ausmalen, als ob aus einem aufgeblasenen Ballon die Luft entweicht bis die Hülle aneinanderklebt, worauf sich die beiden Wände des Ballons einander durchdringen. Was hier vorher innen war, sei nunmehr außen und der Ballon beginne, sich wieder eigenständig aufzublähen; nur dass also, auf das All übertragen, der so entstehende Raum ein anderer als vordem sei und die dementsprechend neugeborene Zeit sich somit umgekehrt habe. Diese Idee umgeht zwar einerseits das Dilemma vom notwendigen Beginn des Weltgeschehens durch eine unbewegte Bewegung schier aus dem Nichts bzw. aus der vorgeschobenen Anfangssingularität heraus (Urknall!), sie ist allerdings andererseits, mit Verlaub, im Prinzip nichts anderes als die altbackene Vorstellung eines Paralleluniversums, das sich über irgendwelche Löcher, z. B. „Wurmlöcher", in unser All ergießt beziehungsweise sich aus unserem All ergibt, und das immer wiederkehrend. Ich setzte dieser Metaphysik, salopp bemerkt, sich entleerende und sich erschwerende Ursprungsschwarzlöcher entgegen, und zwar in einem metaphorischen (matheentwöhnten) Sinn, der zum Verständnis meiner Kosmologie kontextuell zureichend ist. Bojowald dagegen war einmal folgendermaßen geständig bezüglich seiner Theorie bei einem Interview: „Aber genau genommen verstehe ich die Theorie der Schleifengravitation selbst noch nicht so ganz. Wir müssen noch viel nachrechnen."[56]

Die verkopfte Schleifen-Quantengravitationstheorie, auf die sich u. a. Bojowald beruft, betrat das Licht der Fachöffentlichkeit mehr und mehr ab Mitte der 1980er-Jahre. Die Physiker-Koryphäen Lee Smolin, Abhay Ashtekar, Ted Jacobson und Carlo Rovelli glaubten, durch jene Theorie die Allgemeine Relativitätstheorie mit der Quantentheorie ansatzweise gelungen verbunden zu haben. Die Schleifen-Quantengravitationstheorie lastet zentral auf der Metapher eines Raumes, der sich aus einem komplexen Geflecht verknüpfter Kleinstelemente aufbaut. Gemäß Smolin etwa gibt es winzigste Linien und sie verbindende Knoten im Unsichtbaren, die den Raum ausmachen, wobei die Art der linearen Verknüpfungen die Geometrie des Raumes ergebe. Im Begriff der „Schleifenquantengravitation" wird der Raum schließlich als dynamisches quantenmechanisches Spin-Netzwerk beschrieben, das durch Diagramme aus Linien und Knoten unterlegt wird.

---

56 Quelle: https://www.heise.de/tp/features/Die-Allgemeine-Relativitaetstheorie-versagt-an-der-Singularitaet-3381588.html

Wenn Sie mich fragen, welche Kosmologie weltweit der meinigen am ähnlichsten ist, will ich den Namen ihres Ergründers, der vorhin schon genannt wurde, nicht verschweigen. Es ist der aus Indien stammende Abhay Ashtekar, der vorgibt, themenrelevante komplexe Berechnungen Bojowalds physikalisch aufgewertet zu haben, indem er sie vereinfachte. Ashtekar war *Direktor des Institutes für Gravitation und des Kosmos* der *Pennsylvania State University*, an dem auch Bojowald als Professor tätig ist. Ashtekar meint, dass man die kosmischen Vorgänge mittels der Allgemeinen Relativitätstheorie Einsteins zwar ziemlich gut beschreiben kann, in Richtung Vergangenheit jedoch nur bis zu einem gewissen Raumzeitpunkt, ab dem die Materie so dicht gewesen sei, dass die Gleichungen jener Theorie nicht mehr greifen würden. Dort sei die Krümmung der Raumzeit nämlich fast unendlich gewesen, nahe dem Nullpunkt des Universums, sodass hierzu nur noch mit dem Werkzeug der Quantenphysik gearbeitet werden könne. Aufgrund seiner entsprechend angepassten Gleichungen, ebenfalls fußend auf der LQG-Theorie, glaubt Ashtekar ein in sich zusammenstürzendes Universum ausmachen zu können, das vor dem jetzigen existiert habe. Vermeintliche quantenmechanische Spin-Wirkungen darin hätten zum sogenannten „Big Bounce" (großer Rückprall) geführt. Diesbezüglich wird bildhaft angenommen, dass der Urknall das Resultat des Kollapses (Big Crunch) eines Vorgänger-Universums war, so dass das derzeitige Universum nicht auf einen Schlag aus dem Nichts etwa entstanden sei. Vielmehr habe sich das vormalige (jenseitige) Weltall zu einer winzigen Kleinheit zusammengezogen und sich dann wieder schlagartig (rückprallartig!) ausgedehnt – zu einem neuen Kosmos diesseits sozusagen.

Eine anschauliche Darlegung dafür, wie das massemäßig und energetisch funktionieren soll, bleibt Ashtekar typischerweise schuldig. Er sieht sich allerdings noch nicht am Ende seiner kosmologischen Ergründungen angelangt, denn er meint, tatsächlich noch empirische

Hinweise für ein All zu finden, das vor dem hiesigen existiert habe. Der „Big Bounce" habe nämlich nicht alle Spuren dessen ausgelöscht, was unser Universum ehedem einmal war. Ich wünsche Ashtekar viel Glück bei seiner speziellen Fahndung nach dem Vorläufer unseres Weltalls, womöglich auf die richtige Fährte gebracht durch meine Kosmologie. Hingegen sehe ich diesbezüglich schwarz für dieses Unternehmen, denn wie will man mein kleinstmögliches All, das hypothetisch vor dem ausgedehnten existent war, nämlich das alleinige Ursprungsschwarzloch, erforschen geschweige denn zeitlich und räumlich noch darüber hinausforschen? Nach der Allgemeinen Relativitätstheorie ist von dem, was sich innerhalb eines Schwarzlochereignishorizontes befindet und ereignet, eben nichts empirisch Sicheres zu erfahren, weder in quantitativer noch in qualitativer Hinsicht. Das stellt für meine Kosmologie, die Einstein weitgehend in Ehren hält, aber kein Problem dar. Als notwendig spekulative Wissenschaft bietet sie vielmehr unumwunden ein bündiges Räderwerk an Hypothesen über Schwarze Ursprungs- u. Zentralgalaxislöcher auf, um sich die bisher erkannte Strukturierung und Ausdehnung des Weltalls fasslich zu machen.

Wer weiß, vielleicht ergeben sich aus meiner ziemlich weitgehenden Ausdeutung des Weltalls Fingerzeige für die Astronomie, um Himmelsbeobachtungen experimentell so ausrichten zu können, dass man der Genese des Universums realwissenschaftlich weiter auf die Spur kommt. Das Potential des James-Webb-Weltraumteleskopes lässt hierzu Einiges erhoffen, das Ende letzten Jahres, nach mehrmaligen Verschiebungen, mittels einer Ariane-Rakete, im All ausgesetzt wurde. Angaben zufolge ist es ungefähr hundertmal leistungsfähiger als sein Vorläufer, das Hubble-Teleskop. Mit jenem neuen Teleskop erhofft man sich vor allem Aufschluss über die Zeit (besser gesagt: Raumzeit), in der sich die ersten Galaxien bildeten. Womöglich lassen sich aus meiner Kosmologie letztlich sogar im Hinblick auf die Teilchenphysik Schlüsse ziehen, die wieder mehr Sinn in das weitverzweigte Chaos bringen, das dort heutzutage vorherrscht – auf die Spitze getrieben durch das Aufpfropfen diverser String-Theorien samt neuester Erweiterungen.[57] Indes glaube ich physikalisch nicht daran, dass das Kleine vom Großen zwingend abgeleitet werden kann, oder umgekehrt. Hierin bin ich ein Verfechter universeller Emergenz, wie sie uns Physik-Nobelpreisträger Robert Laughlin vorgedacht hat.

Emergenz besagt, wie schon mehrmals gesagt, dass die spontane Herausbildung von neuen Eigenschaften oder Strukturen eines Systems infolge des Zusammenspiels seiner Elemente geschieht, ohne dass diese Eigenschaften oder Strukturen zwingend von dem zu Grunde liegenden Zusammenspiel der Elemente abgeleitet werden könnten.[58] Auf meinen angenommenen Fall der All-Entwicklung übertragen bedeutet das, dass die Emission von Hawking-Strahlung und der Ausbruch von Ur-Jets aus dem Ursprungsschwarzloch infolge des energetischen und massemäßigen Zusammenspiels seiner Elemente geschieht (Masse-Energie-Entkoppelung!), ohne dass diese Strahlung und diese Masseausbrüche betreffs Eigenschaften und Strukturen zwingend von dem Zusammenspiel jener Elemente abgeleitet werden könnten. Auch wenn man demnach genau wüsste, was sich qualitativ und quantitativ in angenommenen Ursprungsschwarzlöchern abspielt, könnte man die vorausgesetzten

---

57 Bereits seit Ende der 1930er-Jahre ist es physikalisch in, elementare Fachfragen letztlich durch die Einführung neuer Arten von Teilchen zu beantworten. Während dafür um 1951 noch 15 Sorten genügten, waren es acht Jahre später schon etwa doppelt so viele. Heutzutage hantiert man mit 54 Teilchen herum, wenn man sich auf das Standardmodell der Elementarteilchenphysik beschränkt. Darüber hinaus existieren dem Namen nach noch viele weitere Teilchen innerhalb der Physik, je nach theoretischer Perspektive.

58 Anders formuliert bedeutet Emergenz das Auftauchen von Systemzuständen, die nicht durch die Eigenschaften der beteiligten Systemelemente erklärt werden können. Nach dem Volksmund geredet meint Emergenz, dass das Ganze mehr ist als die Summe seiner Teile.

Entweichungen aus ihnen nicht bindend davon ableiten, wenn man sie denn in ihren Eigenschaften und Strukturen empirisch kennen würde.[59]

Diese Annahme von Emergenz hat m. E. nichts mit einem Plädoyer für die Preisgabe von seriöser Physik zu tun, sondern vielmehr mit einer Erläuterung dessen, warum die Physik in dem Versuch, das Kleine mit dem Großen theoretisch in Einklang zu bringen, regelmäßig ins Abstruse abdriftet, indem sie etwa das „Higgs-Boson" zum Verständnis von Masse oder „Strings" zur Herleitung der Gravitation theoretisch hochkomplex in Stellung bringt beziehungsweise bringen. Analog abwegig scheint mir das Bemühen, die Allgemeine Relativitätstheorie mit der Quantentheorie zu vereinbaren, worin die traditionelle Physik wohl immer noch ihr größtes Problem sieht, das am dringlichsten zur Lösung anstehe. Denn obwohl die Allgemeine Relativitätstheorie die kosmischen Vorgänge im Großen ähnlich gut beschreibt wie die Quantentheorie das Geschehen im mikroskopisch Kleinen, sind die jeweiligen mathematischen Konzepte dazu nicht harmonisch miteinander zu verknüpfen.

Nach meiner fachlichen Einschätzung gleichwohl, die mit der Emergenz kosmischer Phänomene rechnet, stellt das kein Dilemma dar. Quanten- und Relativitätstheorie können vielmehr durchaus neben sich bestehen, ohne dass sie, einander widersprüchlich, nach einer Verschmelzung verlangten. Sie sind nach meinem wissenschaftlichen Dafürhalten „le-

---

59 Das Gebot der Emergenz lässt sich notabene mit einem der wichtigsten Lehrsätze der formalen Logik in Einklang bringen, mit dem Unvollständigkeitssatz des österreichischen Mathematikers und Logikers Kurt Gödel (1906-1978). Diese Maxime besagt, dass man in hinreichend leistungsstarken formalen Systemen wie etwa der Arithmetik (Zahlenlehre), wenn man es logisch weit genug treibt, unweigerlich auf Aussagen stößt, die systemimmanent weder bewiesen noch wiederlegt werden können. Die vielbeschworene Widerspruchsfreiheit der Mathematik lässt sich mithin niemals perfekt herstellen. Ist man versucht, es trotzdem zu tun, wird man gleichsam aus dem System Mathematik hinauskomplimentiert.

diglich" Beschreibungen physikalischer Vorgänge aus verschiedenen terminologischen Perspektiven, die letztlich nicht ganz zusammenzubringen sind, weil das Große sich hierzu nicht zwingend vom Kleinen ableiten lässt oder umgekehrt. Da es nach meiner Überzeugung über*all* so ist, dass auf der Makroebene andere Gesetzmäßigkeiten herrschen als auf der Mikroebene, kann die zwanghaft erprobte Vereinigung von Astro- und Teilchenphysik unmöglich zu grundlegend neuen Erkenntnissen führen. Es gibt keine Sprache, weder eine metaphorisch noch mathematisch bestimmte, durch welche etwa die Gravitation, die Massen aufeinander ausüben, zwingend bspw. auf die Eigenart vorausgesetzter Quanten heruntergebrochen werden könnte, wie es die sogenannte „Quantenfeldtheorie der Gravitation" vorgibt.[60]

Ich bezweifle schon seit langem, dass in Bereichen, wo man nichts mehr tele- oder mikroskopisch beobachten kann, überhaupt annähernd etwas zu betreiben ist, das den Namen „empirische Wissenschaft" verdient. Das ist wohl auch ein Grund dafür, dass ich mich als breit ausgebildeter Physiker mit visionärem Hang mehr und mehr der zwangsläufig spekulativen Kosmologie zuwandte und mich die anmaßende Teilchenphysik samt zuarbeitender Hochenergiephysik nur noch peripher interessiert. Damit folge ich im Grunde der Prophezeiung einer gewichtigen Stimme in der heutigen Physik, nämlich eben derjenigen Robert Laughlins. In seinem Buch „Abschied von der Weltformel. Die Neuerfindung der Physik" bestreitet Laughlin u. a., dass das stofflich Seiende atomar oder subatomar durchgängig begreiflich gemacht werden könne, wodurch

---

60 Schon Einstein meldete intuitiven Zweifel am Großanspruch der Quantentheorie an, ohne dabei jedoch die traditionelle Ambition auf eine formelhafte (göttliche) Wahrheit betreffs Physik fallen zu lassen: „Die Quantenmechanik ist sehr Achtung gebietend. Aber eine innere Stimme sagt mir, dass das noch nicht der wahre Jakob ist. Die Theorie liefert viel, aber dem Geheimnis des Alten bringt sie uns kaum näher. Jedenfalls bin ich überzeugt, dass der Alte nicht würfelt." Aus einem Brief Einsteins an Max Born, 1926.

sich eine erwachsene Physik verstärkt mit augenscheinlichen Phänomenen wie der Selbstorganisation der Materie befassen werde. Überhaupt vertritt der unter Standardphysikern nicht geheure Laughlin Thesen über Gegenwart und Zukunft der Physik, die konträr zum Mainstream in dieser Wissenschaft stehen, die meiner Kosmologie aber durchaus entgegenkommen. Überein kommen Laughlin und ich etwa im Aufzeigen des Irrwitzes der Fahndung nach einer Art Weltformel, welche die verschiedenen theoretischen Ebenen der Physik beziehungsweise, konkreter, ihre vier ausgemachten Grundkräfte[61] miteinander in Einklang bringen soll. Der nüchterne Laughlin ist zwar auch ein entschiedener Gegner der spekulativen Kosmologie, da sie freilich nur schwach durch Fakten gestützt werden kann. Ich meinerseits ließ mich jedoch von keiner Warnung davon abhalten, eine gewagte Kosmologie aufgrund eines hartnäckigen Gedankens versuchsweise zu entwerfen. Zur wissenschaftlichen Legitimität hierin bemerkte schließlich schon Einstein: „Was wirklich zählt, ist Intuition." Und was meinte in diesem Zusammenhang ein verehrter Dichter und Denker: „Hypothesen sind Netze, nur der wird fangen, der auswirft" – Novalis.

Die Kosmologie hat sich von einer „Pseudowissenschaft", in der mangels empirischer Daten einst munter herumspekuliert werden konnte, zu einer halbwegs seriösen Wissenschaft gemausert, könnte man sagen. Und zwar bspw. durch die systematischen Beobachtungsergebnisse von weit entfernten Supernova-Explosionen, hinsichtlich einer immer genaueren Vermessung der kosmischen Hintergrundstrahlung und im Hinblick auf weitere Observierungsresultate wie etwa das der überraschend hohen äußeren Drehgeschwindigkeiten von Spiralgalaxien. Nichtsdestotrotz können kosmologische Zentralbehauptungen in unse-

---

61 Als die vier Grundkräfte der Physik werden bekanntlich die Gravitation, die elektromagnetische Wechselwirkung, die schwache Wechselwirkung und die starke Wechselwirkung gehandelt.

rer Zeit und wahrscheinlich für alle Zeiten nur Vermutungen sein, da man mit ihnen in raumzeitliche Bereiche vorstößt, die erfahrungswissenschaftlich eben nicht sicher zu ergründen sind. Insbesondere ist das dann der Fall, wenn man theoretisch, wie z. B. ich, groß mit dem Wirken Schwarzer Löcher auf das All rechnet, die prinzipiell unerforschlich sind in konkreter Hinsicht. Aber auch die Standard-Kosmologie theoretisiert schließlich anmaßend in solche empirisch unzugänglichen Gefilde hinein. Insofern betrachte ich die Kosmologie insgesamt mehr als eine Art wohlbegründeten Glauben denn als eine Wissenschaft – als eine *Glaubenschaft* sozusagen. Dieses Begriffsetikett könnte man ehrlicherweise aber wohl auch generell der Wissenschaft in der sogenannten Postmoderne anheften, wenn man bedenkt, dass sich namhafte Experten heute auf schier allen Wissensgebieten widersprechen, teilweise sogar recht vielstimmig und nicht selten bis zur Orientierungslosigkeit.

Folgendes ist nun im Rahmen meiner „kosmologischen Glaubenschaft"[62] meine angepasste Vorstellung von Gravitation, die von der Standardphysik zwar abweicht, sich indes auf eine physikalische Theorielinie stützen kann, die traditionell wenig beachtet wurde. Konsequent zu Ende gedacht ist die Gravitation in meinem theoretischen Kontext für die erfahrbare Welt nicht als Konstante zu beschreiben, sondern als Variable. Das vermeintliche Naturgesetz der Gravitation ergibt sich nach meiner physikalischen Auffassung durch das kollek-

---

62 Aus etablierter Sicht kann man meine Kosmologie zurzeit gern auch treffend als „parawissenschaftlich" einstufen, denn das muss schließlich nicht als abwertend verstanden werden. Eine Parawissenschaft ist wortherkunftsmäßig außerhalb oder am Rand der akademischen Wissenschaft angesiedelt (griech. *para-* „neben, darüber hinaus"). Es ist gleichwohl nicht zwangsläufig so, dass parawissenschaftliche Theorien sich weiterhin als pseudowissenschaftliche erweisen. Ein prominentes Beispiel hierfür ist Alfred Wegeners Kontinentaldrifthypothese, die lange als reine Spekulation belächelt wurde und endlich, nach ihrer Bestätigung, in der Plattentektonik aufging, einem Teil der Wissenschaft Geologie.

tive Wirken aller Massen im jetzigen Weltall. Die Gravitationskonstante G kann somit allenfalls für Messungen innerhalb gewisser überschaubarer Zeiträume gültig sein, nicht aber für alle Raumzeiten hinweg sozusagen. Die nicht abzuschirmende Kraft der Gravitation nimmt nach meinem kosmologischen Kalkül vielmehr im Einzelnen ab, je weiter sich das Universum raumzeitlich ausdehnt. Am wenigsten Gravitation beziehungsweise Raumzeitkrümmung besitzen abgrenzbare Körper im Weltall (astronomische Objekte) demnach zur Zeit seiner weitesten Ausbreitung, das heißt dann, wenn sich das vorausgesetzte Ursprungsschwarzloch ganz aufgelöst haben wird und also gravitativ (raumzeitkrümmend) und drucktechnisch nicht mehr auf das Universum wirken kann. Damit ist eben die Phase erreicht, in der es gemäß meiner Theorie am meisten abgrenzbare Einheiten im All geben müsste wie etwa Planeten, Sterne, ganze Galaxien oder Schwarzlöcher. Je mehr einzelne Körper sich im sich aufblähenden Kosmos tummeln, umso weniger Masse und folglich Gravitation kommt ihnen darin jeweils zu, denn die Gesamtmasse und entsprechend die Gesamtgravitation im Weltall ändern sich nicht gemäß zugedachtem Erhaltungsgesetz meinerseits. Dermaßen relativistisch gedeutet lassen sich an Körper gebundene Massen grundsätzlich nicht unabhängig von anderen Körpermassen beschreiben. Von daher ist die Schwierigkeit in der Physik verständlich, angenommenen Teilchen zukommende Massen anzudichten. Im Higgs-Teilchen (auch „Gottesteilchen" genannt) glaubt man neuerdings allerdings, den Masselieferanten im Kontext anderer Teilchen dingfest gemacht zu haben. Ich glaube aus genannten Gravitationsgründen nicht daran.[63]

---

63 Die vermeintliche Entdeckung des Higgs-Teilchens als notwendiger Bestandteil des Standardmodells der Elementarteilchenphysik, um schlussendlich Massen erklären zu können, wurde 2013 gleichsam als gelungen hingestellt, indem man dem Erdenker jenes Teilchens Peter Higgs den Nobelpreis für Physik zuerkannte (zusammen mit François Englert). Genauer verlautet wurde Higgs für das theoretische Ersinnen des Higgs-Mechanismus geehrt, gemäß dem alle Elementar-

Mit meiner Veranschlagung von Gravitation wird die Logik meiner Theorie zur Kosmologie auf eine Idee verwiesen, die schon Ernst Mach (1838-1916) ernsthaft, aber fachlich recht fruchtlos verfolgt hat. Mit der Verwerfung des absoluten Raumes, den Isaac Newton postuliert hatte, nahm Mach nämlich im Grunde bereits stark relativistisch an, dass lokal messbare Kräfte durch die Gesamtheit der im Universum vorhandenen Materie verursacht werden (Machsches Prinzip). Alle Massen des Universums zusammengenommen sind demnach etwa für die Flieh- beziehungsweise Anziehungskraft eines einzelnen Objektes darin verantwortlich. Der US-amerikanische Astrophysiker Robert Henry Dicke (1916-1997) führte in dieser Theoriespur des Weiteren formelhaft darauf hin, dass die geltende Gravitationskonstante G von der raumzeitlichen Verteilung aller Massen im Universum herzuleiten sein müsste. In der Nachfolge Machs und Dickes gehe ich hier theoretisch passend davon aus, dass die Massen und also gravitativen Wirkungen von körperlich

---

teilchen wie etwa das Elektron ihre Massen erst durch ihre Wechselwirkungen mit dem *all*gegenwärtigen Higgs-Feld erhalten würden. Was das Aufspüren des Higgs-Teilchens betrifft, so hat man aus dem Beschleunigerzentrum CERN im Juli 2012 bekanntgegeben, durch den *LHC* ein Teilchen nachgewiesen zu haben, bei dem es sich um das Higgs-Boson handeln könnte. Nachdem die Vermutung durch die Analyse weiterer Daten zum Experiment bekräftigt werden konnte, wurde die empirische Bestätigung jenes Teilchens als gesichert angenommen. Wer suchet, der findet schon etwas neu Aufblitzendes zur Belebung des „Teilchenzoos", will ich hierzu nur ironisch bemerken. Abgesehen davon kann die Teilchen-hat-Masse-qua-Higgsmechanismus-Erklärung die festgestellte Masse des vorgeblichen Higgs-Bosons selbst nicht erklären. Sie kann zudem nicht erklären, warum die Massen der Elementarteilchen die gezeigten Größen haben. Sinn für die zuerkannte Masse eines Teilchens lässt sich dagegen durch meine Kosmologie stiften, die betont von gravitationsrelativistischer Art ist. Will heißen, je ausgedehnter das Weltall bspw. ist, desto weniger Masse kommt den abgrenzbaren Körpern darin jeweils zu. Das gilt prinzipiell auch für die standardmäßigen Elementarteilchen, wenn es alle Typen davon denn wirklich gibt. Wer sich mit der Higgs-Problematik aus skeptischer Sicht eingehend beschäftigen möchte, dem empfehle ich die 2013er-Veröffentlichung eines kritischen Geistes vom Fach, nämlich Alexander Unzicker: *The Higgs Fake. How Particle Physicists Fooled the Nobel Committee.*

abgrenzbaren Einheiten mit der Größe des Universums zusammenhängen. Je kleiner es bspw. wird, desto relativ größer werden Masse samt Gravitation (bzw. Raumzeitkrümmung) aller auszumachenden Körper im Kosmos. Nur so lässt es sich m. E. überhaupt plausibel erwägen, dass die Masse des gesamten Universums vor seiner Entfaltung einst in einem einzigen Körper – dem Ursprungsschwarzloch – vereinigt war und dereinst (in vielemilliardenlanger Zeit) wieder in einem solchen Körper vereinigt sein wird. Und nur so macht es andernfalls Sinn, das heißt bei einem weit ausgedehnten Weltall wie dem jetzigen, dass die Gravitation im Vergleich zu den anderen drei Grundkräften der Physik derart gering ausgeprägt ist.

Es sei in diesem Zusammenhang nicht verschwiegen, dass der verschwiegene Physik-Nobelpreisträger Paul Dirac (1902-1984) auch schon mit dem Gedanken spielte, dass die vermeintliche Gravitationskonstante mit der Zeit abnehmen müsste, wenn das Universum, wie aufgrund moderner Astronomie offensichtlich, expandiert. Allerdings tat er das noch weitgehend misslich im Rahmen standardphysikalischen Erwägens. Mit der Gravitationsbestimmung im Kontext meiner Kosmologie könnte die Rechnung hingegen aufgehen, wenn man sie denn genau durchführen könnte: Je ausgedehnter das Universum ist, umso weniger Masse kommt den verteilten Körpern im All verhältnismäßig zu, da somit jeweils insgesamt weniger Gravitation beziehungsweise Raumzeitkrümmung auf sie wirkt und von ihnen ausgeht. Je verdichteter dagegen der Kosmos im Ganzen ist (bis hin zum Extrem eines *all*umfassend gesättigten Ursprungsschwarzloches sozusagen), desto mehr Masse kommt den entsprechenden Körpern darin relativ zu, weil alles in allem jeweils mehr Gravitation beziehungsweise Raumzeitkrümmung auf sie wirkt und von ihnen ausgeht. Es ist doch logisch: Wenn sich die Gesamtmasse des Weltalls mit der Zeit verstreuter auf einen größeren Raum verteilt, dann haftet den einzelnen Körpern darin, wie etwa Galaxien samt entsprechender zentralgalaktischer Schwarzlöcher oder dem Ursprungsschwarzloch, jeweils weniger Gravitation (beziehungsweise Raumzeitkrümmung) an, da ihre gegenseitigen Kräfte der Anziehung mit der Entfernungszunahme abnehmen.

Mein Zweifel an der Gravitationskonstante lässt sich allein schon durch den Hinweis untermauern, dass sie bisher „nur" betreffs des Sonnensystems eine recht gut nachgewiesene Regelhaftigkeit ist.[64] Und das bislang doch auch lediglich innerhalb einer relativ kurzen Probezeit, wenn man bedenkt, dass jener vermeintliche Festwert erst seit Newtons Entwicklung der Gravitationstheorie (1687 veröffentlicht) auf dem physikalischen Markt ist. Im Vergleich zu den 13,82 Milliarden Jahren, die das Universum angeblich schon existiert, sind jene 335 Jährchen ja fast gar nichts. Ist es vor diesem Hintergrund nicht eine Art moderne Hybris, wenn die Standardphysiker die festgestellte Gravitationskonstante G im ganzen Universum zu allen Raumzeiten am Weltwerke sehen wollen? Die traditionellen Experten erliegen diesem Dünkel offenbar wegen ihres ehrfürchtigen Vertrauens auf Newton (bzw. Einstein). Aber so wie einst etwa die vertrackten Ptolemäischen Epizyklen durch Newtons Gravitationsgesetz endgültig ins Reich wissenschaftlicher Märchen verbannt wurden, so könnte jenes statische G mit der allgemeinen Durchsetzung meiner Kosmologie ebenfalls dorthin befördert werden. Wenn die Physik wirklich eine Wissenschaft möglichst einfacher, gleichwohl bestechend logischer Lösungen von ihren Problemen sein will, dann haben ihre Vertreter meine Theorie zur kosmischen Entwicklung ernst zu nehmen, denn sie ist in ihrer thesenhaften Verflechtung ein erheblich plausibler und relativ leicht nachvollziehbarer Vorschlag zur Bewältigung (wortneubildend gesagt: zur Bewält*alli*gung ;-)) hausgemachter

---

64 Das ist vom Ausmaß her schließlich bloß ein winziger Bruchteil des Universums, im Verhältnis nicht einmal so groß wie etwa ein Sandkorn bezüglich der Sahara.

Schwierigkeiten, wie eben ich und offenbar zunehmend mehr andere Interessierte daran meinen.

Nach allgemeinem Wissenschaftsverständnis ist heute ein theoretisches Modell beachtlich, wenn es erstens elegant ist, also relativ leichtfüßig daherkommt, wenn es zweitens möglichst wenig willkürliche Elemente enthält, die je nach Bedarf angepasst werden können,[65] wenn es sich drittens mit den relevanten Beobachtungen arrangieren lässt und wenn es viertens möglichst Vorhersagen über zukünftige Beobachtungen nahelegt, die das Modell bei ihrem Ausbleiben abwerten (fachsprachlich: *falsifizieren*) beziehungsweise bei ihrem Gelingen würdigen (fachsprachlich: *verifizieren*). All diese Bedingungen werden durch mein kosmologisches Modell erfüllt, und zwar wesentlich besser als etwa durch das Urknall-Modell oder durch die String-Modelle, behaupte ich nicht haltlos:

Als elegant und keineswegs schwerfällig ist mein Modell besonders im Hinblick auf seine vorausgesetzte Dynamik einzustufen, das heißt betreffs der These der endlosen Wiederkehr eines gleichen Universums des Lichts nach seiner jeweiligen ursprungsschwarzlöchlichen Einkehr in den statisch erfüllten, völlig zeitlosen weil bewegungstoten Raum. Relativ plump ist im Gegensatz dazu schließlich die Vorstellung eines explosiven Entspringens von Raum, Zeit und Materie samt Energie aus dem Nichts oder fast Nichts. Als nächstes hantiert mein kosmologisches Modell auch nicht mit dermaßen willkürlich hergesetzten Kraftmeier-Elementen wie „Dunkle Energie" oder „Dunkle Materie" herum oder mit einem Haufen hergedachter Zusatzdimensionen zum Austoben von „Strings", die theoretisch offenbar höchst ad hoc sind (zu dieser

---

65 Gemäß dem Sparsamkeitsprinzip (Ockhams Rasiermesser) soll man in wissenschaftlichen Darlegungen schließlich nicht mehr Hypothesen und Variablen einführen, als benötigt werden, um den zu erläuternden Sachverhalt hinreichend herzuleiten.

Vieldimensionalität wenig später Genaueres!). Ich baue theoretisch dagegen im Kern auf bestimmte Schwarzlöcher (von denen zentralgalaktische Schwarzlöcher, bzw. *supermassiv* oder *supermassereich* genannte Schwarzlöcher, bereits nachweislich sind), auf angeeignete Hawking-Strahlen und auf hergeleitete kosmische Jets, nämlich „Ur-Jets". Existenzmäßig sind diese Annahmen doch allesamt weit weniger aus der kosmischen Luft (Äther) gegriffen und viel bildlicher vorstellbar als jene standardmäßigen Fiktionen. Drittens kommt mein Modell eines pulsierenden Alls trefflich mit neueren astronomischen Beobachtungen überein, welche etwa die zunehmende Ausdehnung des Universums bezeugen oder die verblüffende Schnelle der äußeren Drehung von Galaxien anzeigen, meines denkerischen Erachtens – und des Erachtens mehr werdender anderer Mitdenker – jedenfalls weit besser als die durchgeknallte Urknalltheorie samt Inflationsthese das bewerkstelligen könnte. Viertens birgt mein Modell Vorhersagen über Beobachtungen, die sich, falls es wirklich zutrifft, dereinst empirisch gesichert machen lassen könnten. In der Hinsicht bleibt es spannend, was es mit den ersehnten Gravitationswellen genau auf sich hat, die im Frühjahr 2014 in fachlich heller Aufregung erstmals teleskopisch dingfest gemacht schienen. Handelt es sich hierbei womöglich um Winke der Aktivität unseres zentralgalaktischen Schwarzloches oder sogar des Ursprungs-schwarzloches und nicht, wie traditionell physikalisch selbstredend interpretiert, um ein Spätfolgephänomen des vermeintlichen Urknalls („Echo des Urknalls", „Nachhall des Big Bang").[66] Alles in allem bietet

---

66 Das Aufspüren jener deklarierten Gravitationswellen wird im Rahmen des Urknall-Szenarios als indirekter Beleg für die Inflationstheorie gewertet, das heißt für die These der blitzartigen Ausdehnung des Universums unmittelbar nach dem Urknall. „Indirekt" in dem Sinne, dass mittels des Teleskop-Experimentes *Bicep2* in der Antarktis, das von US-Forschern zur Messung der Polarisation der kosmischen Hintergrundstrahlung durchgeführt wurde, bestimmte Muster in dieser wahrnehmbar waren, die vorgeblich von Gravitationswellen verursacht wurden, die ihrerseits, so die Interpretation, von der kosmischen Inflation stammten. Di-

mein Modell sonach eine hypothetische Zusammenschau von der Entwicklung des Universums, die bildlich bündig ist und somit prinzipiell von jedermensch (jedermann) nachvollzogen werden kann – weniger so das Standardmodell der Kosmologie samt Urknalltheorie beziehungsweise, noch schlimmer, das Modell zu den Stringtheorien.

Das theoretisch vorausgesetzte Geschehen jeweils in den teilchen- und astrophysikalischen Welten und ihre hypothetischen Seinsverbindungen stellen sich heutzutage dermaßen verzwickt und unüberschaubar dar, dass es längst an der Zeit scheint, gründlich daran zu zweifeln und sich auf alternative Lösungsansätze einzulassen. Wie auch der interessierte Laie wohl schon weiß, sind die Bewahrer der verbohrten Physiker-Tradition, das Größte ursächlich mit dem Kleinsten verbinden zu wollen, heutzutage vor allem die String-Theoretiker. Zur möglichen Verquickung von Quantenmechanik und Allgemeiner Relativitätstheorie breiten sie seit gut 50 Jahren variantenreich ihre schwer zugänglichen, aber höchst anspruchsvollen Theorien von den „Strings" beziehungsweise von den „Superstrings" aus. Die spitzfindigen Konstruk-

---

rekte Nachweise von Gravitationswellen sind angeblich etwas später dann (Herbst 2015) nahezu zeitgleich durch die beiden *LIGO-Observatorien* in den USA gelungen. Die signifikanten Beobachtungen lassen, so die Experten-Überzeugung, mit Sicherheit auf zwei sich umkreisende Schwarze Löcher schließen (zuletzt fast mit Lichtgeschwindigkeit), die sich schlussendlich zu einem Schwarzloch mit 62 Sonnenmassen verbanden, wobei 3 Sonnenmassen an Energie in Form von Gravitationswellen abgestrahlt wurden, wodurch die Raumzeit entsprechend in Schwingung geriet. Als erster Fachmann hat übrigens Einstein den Gedanken theoretisch abgeleitet, dass grundsätzlich alle beschleunigten Massen eine raumzeitverändernde Wirkung haben und also Gravitationswellen hinterlassen, die per se lichtgeschwind sind. Demzufolge müssten Gravitationswellen etwa auch durch meine eruptiven Ur-Jets entstehen! Eine nähere Erforschung solcher Art an Wellen ist vielleicht nicht mehr in weiter zeitlicher Ferne, wenn es mit dem hochempfindlichen Gravitationswellendetektor, freischwebend im All, etwas wird (LISA). Die Planungen zu seiner Verwirklichung gehen aber nicht von einem Start vor 2034 aus.

teure nehmen dabei grundsätzlich an, dass es keine Elementarteilchen im klassischen Sinne gibt, sondern dass es Schwingungszustände von winzigsten Saiten (englisch: strings) sind, welche die Basis der Materie und ihre jeweilige Eigenart ausmachen. Von dem Prinzip ausgehend, dass das Sein auf seiner fundamentalsten Ebene aus Verknüpfungen winzigst kleiner schwingender Fäden besteht, bietet das Stringmodell ein „Schema F" der Erklärung des Seienden auf, das im weitesten Sinne angeblich alles materiell Bestehende und alles energetisch Wirkende einschließt. In diesem physikalischen Universalanspruch drückt sich die typische Arroganz der Stringtheoretiker aus, die Kritiker an ihrem Forschungsstrang als für gewöhnlich zu dumm oder ignorant hinstellen, um ihre Wissenschaft kapieren beziehungsweise annehmen zu können.

Im Gegensatz zum Standardmodell der Teilchenphysik sind beim Stringmodell die fundamentalen Bausteine, aus denen sich *alle* Welt vorgeblich zusammensetzt, keine Elementarteilchen im Sinne von bloßen Punkten, also nulldimensionale Gebilde, sondern saitenförmige Objekte eindimensionaler Natur, die der Vorstellung nach vibrieren, eben die Strings. Vor diesem Hintergrund wird des Weiteren forsch davon ausgegangen, dass neben den drei offenbaren weitere Dimensionen des Raumes existieren, die unmerklich klein weil „aufgerollt" seien. Strings beanspruchen ihrer neuesten theoretischen Idee nach zehn Raumdimensionen und eine Zeitdimension (M-Theorie![67]) – also ganze elf Dimensionen – und werden je nach Zitterfrequenz etwa als Elektronen oder als andere Elementarteilchen gehandelt. Das inflatio-

---

67 Die vertrackte M-Theorie fordert eine extra Dimension ein, während vorgängige Stringtheorien insgesamt „nur" auf zehn Dimensionen bauen, wobei Menschen vier dieser Dimensionen wahrnehmen können (eben die drei Dimensionen des Raumes und die der Zeit). Zur M-Theorie und ihren Anhängern später noch genauere Ausführungen!

näre Theoretisieren getreu der Modellvorstellung zu Strings hat sich des Weiteren schon in Spekulationen über nicht ein-, sondern mehrdimensionale „Branen" niedergeschlagen und in dementsprechenden „Branetheorien".[68] Durch die Kombination dimensional vorgestellter Grundelemente allen Seins und Geschehens glauben die String- und Branetheoretiker das in der klassischen Quantenfeldtheorie auftretende Problem der Singularität prinzipiell überwunden zu haben, denn dieses ergebe sich speziell für punktförmig angenommene, also nulldimensionale Objekte und werde bei der Voraussetzung zumindest eindimensionaler Basisteilchen wie den Strings behoben. Sobald man hier von Grund auf in Dimensionen denkt, erübrigt sich demnach die eigentlich nichtssagende Singularität auf physikalischem Terrain.

„Strings" oder „Branen" konnten bisher aber freilich durch kein Experiment auch nur annähernd, das heißt nicht einmal irgendwie indirekt, nachgewiesen werden. Nichtsdestotrotz bewahrt das überzeugte Spezialisten nicht davor, das Theoriemodell zu den Strings in dem Sinn mit Vorschusslorbeeren zu umkränzen, dass es durch seine Weiterentwicklung bestimmt dereinst in der Lage sei, die verschiedenen theoretischen Ebenen in der Physik gekonnt zu vereinigen. So meinte etwa einer meiner aktuellen fachlichen Gegenspieler schon vor über 20 Jahren in seinem Buch *Das elegante Universum* Folgendes: „Laut der Superstringtheorie ist die Ehe zwischen den Gesetzen des Großen und des Kleinen nicht nur glücklich, sondern unvermeidlich. Damit noch nicht genug. Die Superstringtheorie – die Stringtheorie, wie ihre Kurzbezeichnung lautet – ist geeignet, diese Vereinigung einen gewaltigen Schritt voranzubringen." Nach zwei Sätzen dazwischen heißt es weiter ekstatisch: „Die Stringtheorie könnte unsere Chance sein, zu zeigen, daß sich in all den wundersamen Vorgängen des Universums – vom hektischen Tanz

---

68 „Brane" kommt von der englischen Endung von membrane („Häutchen").

der subatomaren Quarks bis hin zum gemessenen Walzer der Doppelsterne, vom Feuerball des Urknalls bis zum majestätischen Wirbel der kosmischen Galaxien – ein einziges, alles beherrschendes physikalisches Prinzip manifestiert, die Mutter aller Gleichungen."[69]

Mittels jener Annahme basiswirkender Fäden, die um viele Größenordnungen kleiner seien als Atome, hoffen die String-Theoretiker nach wie vor, grundlegende Schwierigkeiten innerhalb der theoretischen Physik zukünftig erforschend überwinden zu können. Aber gerade das abstrakte Denken gemäß vieldimensional verwickelter Strings ist nach meiner Einschätzung das krasseste Anzeichen dafür, dass sich die theoretische Physik in den letzten Jahrzehnten in befremdlicher Weise von der erfahrbaren Realität abgekoppelt hat. Schließlich ist es eine belastende Tatsache, dass durch den Einsatz der Stringtheorie bisher kein fundamentales Problem empirischer Natur der Wissenschaft Physik einer Lösung zugeführt wurde. Umso verwunderlicher mutet es an, dass der öffentliche Widerspruch gegen die Stringtheorie eine eher seltene Erscheinung ist. Außenstehende wissen im Allgemeinen offenbar zu wenig über die theoretischen Auswüchse des Faches Physik, um sie wohlbegründet kommentieren zu können. Die Eingeweihten dagegen wissen im Besonderen, dass im Begründungszusammenhang der intern verherrlichten Stringtheorie viel Fördergeld für die theoretische Physik locker gemacht werden kann, was selbst kritische Geister unter ihnen jener Theorie gegenüber wohl mehrheitlich zum Schweigen veranlasst.

Analog zu den hohen Erwartungen an die Stringtheorie verhält es sich

---

69 Greene, Brian: Das elegante Universum. Superstrings, verborgene Dimensionen und die Suche nach der Weltformel, Goldmann 2006, S. 18 f., erstmals publiziert auf englisch 1999, unter dem Titel »The Elegant Universe. Superstrings, Hidden Dimensions, and the Quest for the Ultimate Theory«.

auch mit der verwandten, schon kurz vorgestellten Schleifen-Quantengravitationstheorie. Durch ihre Weiterentwicklung stellt man ebenfalls in Aussicht, die Allgemeine Relativitätstheorie mit der Quantenphysik dereinst trefflich verschmelzen zu können. Die Schleifen-Quantengravitationstheorie ist in meinen Augen ähnlich abgehoben wie die Stringtheorie, gleichermaßen vollends jenseits aller experimentellen Überprüfbarkeit wie diese angesiedelt. So überrascht es nicht, dass innerhalb der theoretischen Physik ein Duell zwischen Strings (Saiten) und Loops (Schleifen) inszeniert wird, wobei die jeweils zugehörige theoretische Gegnerin als ernst zu nehmende Konkurrentin, wenn nicht gar als zukünftige Vereinigungspartnerin zur fachlichen Vollendung gewürdigt wird. Diese Auseinandersetzung kommt mir, vermutlich einhellig mit kritischen Schweigern dazu, so uninteressant und doof vor wie etwa ein Zweikampf auf der Bühne der Wrestler. Umso trauriger macht es mich, dass die phantasierten Dimensionswelten der Stringtheoretiker und der Schleifen-Quantengravitationstheoretiker längst als grundlagenforscherisches Gedankengut ausgerufen wurde, wobei dem Ruf wissenschaftsintern überwiegend gefolgt wird, so wie es aussieht.

Im Einklang mit einem der vortrefflichsten Physiker der Nachkriegszeit, dem US-Amerikaner Richard Feynman (Nobelpreisträger 1965), halte ich die Stringtheorie für blanken Unsinn. Allerdings muss ich (nicht zu meiner Schande) gestehen, dass ich im Einzelnen nicht sonderlich viel von ihr verstehe, und zwar evident deshalb, weil es sie betreffend nicht viel zu begreifen gibt, was eine theoretisch durchgängige Stringenz aufweisen würde. Die betreffende „Theorie" besteht, sachlich gesehen, vielmehr aus physikalisch heiklen Verquickungen aufgrund einer physikalisch prekären Mutmaßung, nämlich aus Vieldimensionalitätsverschachtelungen unter der Voraussetzung basalen Wirkens von „Strings". Was das anbelangt, so haben die Stringtheoretiker die relativ große öffentliche Aufmerksamkeit sicherlich nicht verdient, welche sie zweifelsohne inne haben – derzeit jedenfalls noch. Hoffnung lässt sich hier allerdings wenigstens aus dem Umstand schöpfen, dass vermeintliche Erkenntnisse im Umkreis der Stringtheorie bisher vom Nobelpreiskomitee übergangen wurden, trotz ihres Erfolges, was etwa die Anzahl und Bewertung von Fachpublikationen betrifft.[70] Im Rahmen meiner Kosmologie jedenfalls, die sich begründungslogisch möglichst in der prinzipiell sichtbaren Welt aufhält, hat weder die Stringtheorie noch die Schleifen-Quantengravitationstheorie etwas zu bestellen, das irgendwie erhellend wäre. Ich als finanziell abgesicherter Aussteiger aus der Forschung und Lehre an Hochschulen kann mir die Ablehnung von „Strings" und „Loops" rundheraus leisten! Was kümmert es mich, dass man sich an etablierten Fachinstitutionen eindringlich mit ihnen beschäftigt?

Ich kann es mir heute rundweg erlauben, über den derzeitigen Wissenschaftsbetrieb herzuziehen, den ich vor meinem vorzeitigen Ruhestand, wegen Dienstunfähigkeit als Professor, zunehmend verabscheut habe. Einhergehend mit meiner freigeistigen Entwicklung mein Fach betreffend, habe ich die konservative Einstellung, die von den meisten Hochschullehrern gepflegt wird, vermutlich immer weniger ertragen. Abgesehen davon war mir ihr fast durchgängiger elitärer Habitus schon immer ein Graus gewesen. Die Etablierung von so benannten „Eliteuniversitäten" im Kontext etwa der deutschen „Exzellenzinitiative" hat diese abgrenzende Haltung offenbar noch befördert, jedenfalls an der auserwählten Uni, an der ich zuletzt forschte und lehrte. Solche anmaßenden Etikettierungen vergrößern nach meiner Erfahrung die Gefahr der Einbildung, dass man institutionell eine hochtrabende Sprache an

---

70 Gleichwohl ist der international höchstdotierte wissenschaftliche Förderpreis, der deutsche Leibniz-Preis, bereits im Jahr 2000 u. a. an einen überzeugten Stringtheoretiker vergeben worden (Dieter Lüst).

den Tag zu legen habe, die nur in den eigenen Reihen verstanden wird. Manches Talent darin wird vor diesem Hintergrund tatsächlich zu weitreichenden Überlegungen angespornt, welche die Wissenschaft im jeweiligen Bereich ein Stückchen weit voranbringen. Die große versnobte Masse in ihr erliegt hier allerdings der Versuchung, den exklusiven Duktus in der Breite auszubauen, da es ihr an Tiefe nicht möglich ist. Das bedeutet demnach gewissermaßen aber eine zwanghafte Esoterisierung der Wissenschaft, das heißt eine krankhafte Abschottung nach außen hin. Ich dagegen stehe mit meiner Stiftung an Kosmologie für die philosophisch geforderte Einfachheit von Theorien ein, um auf wissenschaftlichem Gebiet dem allgemeinen, mithin gesundem Menschenverstand paradigmatisch wieder ein großes Stück weit gerechter zu werden, entgegen unheilvoller Expertokratie, die theoretische Deutungshoheit und Auswertungsmonopol in sich vereinigt.

Insbesondere mit dem sogenannten Bologna-Prozess ab ca. der letzten Jahrtausendwende, der hauptsächlich zum Ziel hatte (und immer noch hat), die Studiengänge europaweit zu vereinheitlichen, wurde (wird) der Nährboden für eine phantasievolle Wissenschaft weitgehend zerstört. Speziell in Deutschland drückte sich dieser Vorgang in einer kleinlichen Verschulung des Hochschulsystems nach ökonomischen Gesichtspunkten aus, die betreffs kreative Bildung nur mehr sehr wenig akademische Freiheit für den individuell Lernenden lässt. Wenn nicht schon immer, so geht es jedenfalls heutzutage an den europäischen Hochschulen administrativ vordringlich darum, Stellen zu halten und zu generieren und öffentliche und private („Drittmittel“) Gelder zu bewahren und locker zu machen. Der organisatorische Aufwand dazu ist, neben den Lehrverpflichtungen, für den einzelnen Gelehrten meist so groß, dass für ein gezieltes Forschen der Förderung der Wissenschaft zuliebe die nötige Zeit fehlt. Mir ist jene Geschäftigkeit schon seit meiner Tätigkeit als promovierter Stelleninhaber auf die Nerven gegangen, später extrem seit der Hochschulreform à la Bologna.[71]

Im Zuge des Bologna-Prozesses hat die Quantifizierung der wissenschaftlichen Welt in Europa gleichsam seinen vorläufigen Höhepunkt erlangt. Wo vorher noch genügend Gelegenheit war zur Besprechung verwegener Ideen von vordenkenden Persönlichkeiten, da setzt man heute fast ganz auf Fakten und Zahlen, um der inthronisierten Empirie gerecht zu werden, wobei man meist nur in eine kleingeistige „Fliegenbeinzählerei" verfällt. Wo es vor relativ kurzer Zeit noch ansprechende Versuche gab, Strukturen in der Natur und Gesellschaft begrifflich auszudeuten (Grundlagenforschung, Utopieentwürfe), auch dort wird derzeit, dem Mainstream blind vertrauend, auf Biegen und Brechen vermessen, um es drastisch auszudrücken. Die Qualität der Wissenschaft glaubt man folglich neuerdings, wie die des Geldes schon immer, an ihren beziehungsweise seinen Quantitäten festmachen zu können. Das heißt etwa konkret, dass derjenige Bewerber auf einen Wissenschaftsposten schlichtweg der bessere sei, der mehr Veröffentlichungen als der andere vorweisen kann, egal wie und wie viel jener je Publikation geschrieben samt nachgedacht hat. Hier ist leider schon lange eine Kultur des Vertrauens einer Kultur des Misstrauens gewichen, bewirkt durch eine Hysterie des Berechnen-Wollens von allem, was als akademische

---

71 Zwar hatte ich mich unter eisernem Selbstzwang einigermaßen an den üblichen Wissenschaftsbetrieb anpassen können, so dass es von Amts wegen keine größeren Schwierigkeiten mit mir gab. Angesichts meiner befremdlichen Lehr- und Forschungstätigkeit allerdings, die ich im Umkreis der Entwicklung meiner Kosmologie forsch an den Arbeitstag gelegt hatte, habe ich die wachsenden Anfeindungen darauf, die mir in den engen Mauern des fachlichen Elfenbeinturms entgegengebracht wurden, mit der Zeit nicht mehr ausgehalten, sodass ich mich vorzeitig habe in Pension schicken lassen, zum Glück ohne gravierende Probleme aufgrund einer teils vorgetäuschten psychischen Störung. Sei's drum: Die entsprechende „Depression" kam den betreffenden Verantwortlichen dazu wahrscheinlich sogar gelegen.

Fragestellung angesehen wird. Womit es uns thematisch wieder zur „Theorie" mit den „Strings" verschlägt, denn diese ist, modekritisch betrachtet, letztlich bloß ein mathematisches Konstrukt allen Seins, das sei und nur möglich sei.

Die Stingtheorie hat, nüchtern betrachtet, nichts Förderliches für die theoretische Physik zu bieten, denn sie ist im Grunde genommen gar keine Theorie. Sie ist vielmehr eine dreiste Vorgabe dahingehend, dass sich in ihrem Kontext mit der Zeit eine universale Theorie herausschälen werde. Was man unter Stringtheorie versteht, ist tatsächlich ein relativ loser Zusammenhang von Thesen, der versprochenermaßen eine allgemeine Theorie in sich birgt, die versprochenermaßen die theoretische Physik vereinigen wird. Ein hoher Anspruch, würde ich sagen, der bisher alles andere als befriedigt wurde – nach einem halben Jahrhundert Forschungsarbeit dazu. Die große Ambition ist komischerweise mit monströser Vagheit gepaart, denn es gibt gemäß String-Weltanschauung prinzipiell eine ungeheuerliche Anzahl möglicher Theorieausgänge (10^{500}!), genannt „String-Landschaft", von denen sich einer als der Wirklichkeit unseres Universums entsprechend erweisen soll, da der Mensch forschend auf ihn drängt. Die eine richtige Version von jenen schier unendlich vielen quasi hebe alle anderen Varianten dereinst zu guter Letzt auf. Wie soll man so ein größenwahnsinniges Projekt, das begründungslogisch schwer nachzuvollziehen ist, da es an Schlüssigkeit entbehrt, nur dem interessierten Laien näherbringen, der mit der Trefflichkeit des Common Senses ausgerüstet ist? Zugegeben: Eine rhetorische Frage, die in meinem kritischen Sinne indes hier durchaus am Platze ist!

Als aufschlussreiches Zeugnis dafür, dass der gesunde Menschenverstand wissenschaftlich insbesondere durch die Stringtheorie mit Füßen getreten wird, sei hier ein bedenkliches Frage-Antwort-Beispiel aus dem WWW zitiert, das im Internetforum „gutefrage.net" ersichtlich gemacht werden kann, wenn man dort eingeloggt ist, unter der Überschrift „wie kann man die string theorie einfach erklären?":[72]

Frage: „Wenn ich bei google eingebe string theorie und viele texte durchlese , bin ich am ende immer noch nicht weiter **.. tut mir leid ..** ich verstehe diese ausführlichen texte kaum .. kann mir jemand die theorie erklären ? denn anders wüsste ich nicht an sie heran zu kommen .. dankeschön im vorraus"

Antwort: „Dabei wird – um das hier mal sehr vereinfacht zusammenzufassen, da es sonst sowieso niemand versteht – davon ausgegangen, dass Materie nicht nur aus kleinen Atomen und noch kleineren Teilchen besteht, die man sich oft als kleinste Kugeln oder Punkte vorstellt. Sondern dass unsere Realität aus Linien oder Fäden, eben sogenannten ‚Strings‘, besteht. Diese Strings schwingen wie die Saiten einer Gitarre. Und während wir uns im Alltag gewöhnlich in einem dreidimensionalen Raum bewegen – nämlich erstens vorwärts und rückwärts, zweitens links und rechts und drittens hoch und runter –, gehen String-Theoretiker von viel mehr Dimensionen aus: gleich einem ganzen Dutzend oder noch mehr. Einige davon – und hier versagt unsere Vorstellungskraft natürlich endgültig – sollen ‚eingerollt‘ sein: gewissermaßen so, als ob man ein Foto des Universums zusammenrollt ...

Diese Theorie – ihr merkt es wohl schon – ist wirklich für Laien kaum zu verstehen und hat wenig mit unserer normalen Wahrnehmung der Wirklichkeit zu tun. Und möglicherweise wird man sie auch nie überprüfen können. Genau das werfen viele Physiker der String-Theorie auch vor: Denn eine Theorie, die man nicht beweisen und auch nicht

---

72 Quelle: http://www.gutefrage.net/frage/wie-kann-man-die-string-theorie-einfach-erklaeren – Die Frage dazu kommt von einer gewissen „mammels" und der Antwortende nennt sich „mcmomo".

widerlegen kann, ist eigentlich keine Theorie. Sonst könnte man sich alles Mögliche ausdenken und etwa behaupten, das ganze Universum sei eine Blase, die sich auf dem Rücken einer riesigen Schildkröte befinden würde. Das Dumme an der ganzen Sache ist nur: Vielleicht stimmt es ja, was sich die String-Theoretiker da ausgedacht haben ..."

Ja, vielleicht stimmt es, aber viel leichter stimmt es eben nicht, nach meinem entscheidend einfacheren Entwurf des Weltalls und seiner Entwicklung. Für die Stringhaftigkeit der Welt im Allerkleinsten gibt es natürlich keinen einzigen experimentellen Beleg. Es gibt noch nicht einmal einen ernstzunehmenden Vorschlag der betreffenden Herren und Damen Theoretiker, wie eine entsprechende Probe funktionieren könnte. Aber einen solchen Nachweis haben sie offenkundig gar nicht nötig, denn sie bauen aus der Not heraus nicht auf eine empirische Begründung, sondern auf eine ästhetische Beglaubigung ihrer „Theorie", indem sie sie immer wieder durch ihre vorgebliche Geschmeidigkeit rechtfertigen, die realiter keinesfalls ins Leere fassen könne. Nicht wenige Stringtheoretiker versprachen hierzu bereits das Blaue vom Physiker-Himmel, konnten bislang aber freilich nichts davon halten. Ich gebe theoretisch zwar auch recht viel vor, was (bis dato) nur hypothetisch sein kann, aber ich gebe das schließlich offen zu.

Überhaupt scheinen mir die Stringexperten sektiererisch unterwegs zu sein, wenn sie ihre vielen Dimensionen samt Strings und Branen missionarisch als das physikalische Nonplusultra anpreisen sozusagen. Es hat was mit Scholastik zu tun, wenn man den Glauben an das Sein jener spukhaften Dinger gebetsmühlenartig als Wissensbestand ausgibt. Schon Goethe brachte die schulweisheitliche Begriffsgläubigkeit kritisch auf den Punkt mit dem Satz aus Faust I: „Gewöhnlich glaubt der Mensch, wenn er nur Worte hört, es müsse sich dabei doch auch was denken lassen." Analog zum ontologischen Gottesbeweis funktioniert prinzipiell auch der Nachweis für die Existenz von Strings: Da die Vorstellung von ihnen und ihren zugedachten Wirkungen über Dimensionen hinweg vollkommen sei, müsse es sie geben. Das Paradies malen sich noch viele gläubige Menschen wohl auch als unübertrefflich (überdimensional) aus, die kritische Frage in der fortgeschrittenen Säkularisierung sei aber allemal erlaubt, ob es es gibt.

Den Makel der Stringtheorie, keine empirisch überprüfbaren Vorhersagen zu liefern, will man sinnigerweise etwa dadurch behoben wissen, dass man die Wissenschaftstheorie Karl Poppers als unzeitgemäß erklärt und dagegen seinen schärfsten Kritiker, Thomas Kuhn, bezeugend heranzieht. Popper hat bekanntlich gezeigt, dass Theorien nicht bewahrheitet werden können, sondern im empirischen Sinne nur so lange als objektiv anzusehen sind, als sie widerlegbar sind und allen experimentellen Versuchen dazu standhalten. Kuhn hielt dem entgegen, dass es zentral gar nicht auf empirische Hinweise ankomme, ob eine angenommene Theorie gilt oder nicht, sondern dass sie so lange zutreffe, bis in ihrem argumentativen Umfeld große Unstimmigkeiten vermittels einer erhellenden Konkurrentin auftauchen, die auf Dauer nicht übergehbar sind. Der entsprechende Austausch von Theorien komme einer Revolution gleich, bei der ein etabliertes Paradigma (Leitbild der Wissenschaft) aufgrund angehäufter Widersprüche durch ein neues ersetzt werde, das fürderhin vorgebe, was erfolgversprechend zu erforschen sei. Einschlägiges Beispiel dafür ist etwa die dramatische Ablösung des geozentrischen Weltbildes durch das heliozentrische, der Austausch der Erde als Zentrum der Welt beziehungsweise unseres Planetensystems durch die Sonne. Die physikalische Ersetzung der „Elementarteilchen" durch „Strings" als einen gelungenen Paradigmenwechsel auszugeben, das scheint mir fachlich allerdings an den Haaren (Fäden) herbeigezogen, denn die Stringtheorie gibt im Vergleich zur Teilchentheorie eine weniger bündige Antwort auf die Frage nach den kleinsten Teilchen und basalsten Vorgängen des Seins. Sie bietet vielmehr eine zerfledderte (mathematisch durchkreuzte) Vorstellung aus relativ zusammenhanglosen Bildchen auf, die anspruchsmäßig schlussendlich hingegen die „Weltformel" in sich berge.

Meiner wissenschaftsphilosophischen Ansicht nach haben sowohl Popper als auch Kuhn recht, Popper jedoch nur im Rahmen regelmäßiger, will heißen „normaler Wissenschaft" und Kuhn bloß im Kontext unregelmäßiger, will heißen „revolutionärer Wissenschaft", wie Letzterer die beiden Arten von Wissenschaft nennt. Popper war gewissermaßen der letzte große Wissenschaftsphilosoph, welcher der Wissenschaft einzuhaltende Regeln ihres Fortschrittes vorschreiben wollte, wohingegen sein weltbekannter Widersacher Kuhn die *Schaffung* und *Abschaffung* von *Wissen* nicht präskriptiv, sondern „nur" deskriptiv aufzeigte, das heißt nachzeichnete, wie solche von Popper vorgegebenen Regeln regelmäßig gebrochen werden.

Um es ohne falsche Bescheidenheit rundheraus festzustellen: Im Sinne Kuhns kann ich durchaus als revolutionärer Wissenschaftler gelten. Ich biete mit meiner anschaulichen Auflösung kosmologischer Ungereimtheiten schließlich einen Wechsel von einem Bild der Wissenschaft (kosmologisches Standardmodell) zu einem anderen Paradigma an, in dessen Zentrum die Metapher von universell wirkenden Schwarzen Löchern steht und nicht etwa das Bild eines schier unendlich größer werdenden Universums, geboren durch den Urknall quasi aus Nichts. Die letztere verquere Metapher führt folgerichtig zu weiteren falschen Bildern (oder vielmehr Nicht-Bildern) wie „Dunkle Materie" und „Dunkle Energie". Einen gangbaren Pfad aus dieser Dunkelheit leuchtet meine Kosmologie aus, sozusagen weg vom groben Welt*all*bild des Big Bangs hin zur ausholenden Welt*all*anschauung der ewigen Wiederkunft des Gleichen.

Ob und, gegebenenfalls, wann dieser Weg in Zukunft einmal von der Mehrheit an Interessierten verfolgt wird, bleibt abzuwarten. Insgesamt gesehen jedenfalls, mit all ihren ineinandergreifenden Hypothesen, ist meine Theorie zum Kosmos gewiss nicht entrückter als die Urknalltheorie samt Inflationsthese, durchleuchtet seine Entwicklung indes erheblich aufschlussreicher. Durch meinen kosmologischen Entwurf lässt sich im Fach fürwahr vieles begreiflich machen, was vordem unerfindlich schien. Er immunisiert sich auch nicht durch abgehobene Selbstbezüglichkeit wie bspw. die Stringtheorie, sondern bietet sich im Sinne Poppers für die Widerlegung durch experimentelle Beobachtung an. Die Frage ist nur, ob die Teleskopen-, Satelliten- und Raumsondentechnik jemals so weit fortschreiten kann, um dabei astronomisch sicher gehen zu können. Ich denke eher nicht wegen der bekannten Observierungsprobleme besonders mit Schwarzen Löchern.

Somit ist (und bleibt) die Kosmologie, wie schon niedergeschrieben, nach meinem Dafürhalten notgedrungen mehr eine „Glaubenschaft" als eine „Wissenschaft". Das große Ganze des Zusammenhangs aller Welt ist, trotz technisch unterstützter Beobachtung, eben nur schwerlich in Erfahrung zu bringen, ebenso offenbar wie das ganz Kleine des Weltzusammenhaltes. Wer nur auf realwissenschaftliche Physik bauen möchte, der beschränke sich halt auf Theorien mittlerer Reichweite des Faches, auf die Festkörperphysik etwa oder auf die Thermodynamik. Auf jeden Fall sind die Stringtheoretiker, so wie es aussieht, heute immer noch weit davon entfernt, die verheißene Integrationstheorie samt Weltformel zu liefern. Das, was man bereits Stringtheorie nennt, droht damit zu einer der größten Irrlehren der Wissenschaftsgeschichte zu werden. Nach wie vor können sich die Stringtheoretiker allerdings in relativer beruflicher Sicherheit wähnen, denn die noch bestehende Modernität ihrer „Theorie" innerhalb etablierter Physik gräbt alternativen (postmodernen) Welterklärungsansätzen immer noch vorlaut das Wasser ab.

Notorische Denkungsarten lassen schon seit einiger Zeit leider viel Fachidiotisches auf der Spielwiese der Physik entstehen. Die schon angetippte „M-Theorie", die sich als maßgebende, ja erlösende Weiterentwicklung der String-Theorie geriert, setzt diesem bedauerlichen Trend m. E. vorläufig die Krone auf, womöglich bis auf weitere eklatante Reinfälle des Faches. Entsprechend zur Stringtheorie werden mittels der M-Theorie angebliche Hauptprobleme der Physik vielmehr pompös aufgebläht als gelöst, was die eh schon überbordende Komplizierung der Sparte gleichsam noch uferloser macht. Deutliches Indiz dafür ist die zusätzliche Aufnahme freier Parameter, das heißt die Einbeziehung letztlich nicht mehr weiter hinterfragter rechnerischer Hilfsgrößen (mathematische Konstanten) in den Kontext betreffender Theorieerweiterungen. Nichtsdestotrotz wird die M-Theorie, die experimentell bisher freilich auch keineswegs belegt werden konnte, mittlerweile von einer beachtlichen Schar geschätzter Physiker, die ich eher als eine verschworene Wissenschaftlergemeinschaft bezeichnen würde, als derzeit aussichtsreichste Anwärterin für eine vereinheitlichende Theorie aller Naturkräfte à la Einstein angesehen. Auch Stephen Hawking ist der Verheißung der M-Theorie aufgesessen gewesen, als möglichen Ausweg sozusagen aus der physikalischen Begrenztheit der Stringtheorie. In seinem schwulstig getauften Buch „Der große Entwurf"[73] von 2010, das er mit dem Urknall-Gefolgsmann Leonard Mlodinow[74] verfasst hat, preist Hawking die M-Theorie wörtlich an als „Kandidatin für eine endgültige Theorie von Allem, wenn es sie denn gibt ... Sie ist das einzige Modell, das alle Eigenschaften besitzt, welche die letztgültige Theorie unserer Meinung nach haben müsste."[75]

---

73 Der amerikanische Originaltitel lautet „The Grand Design".

74 U. a. ein Drehbuchautor von „Raumschiff Enterprise"

75 (Der große Entwurf, S. 13) Übrigens behauptet Hawking gleich zu Anfang des damaligen Bestsellers, dass die Philosophie tot sei, weil sie mit der Naturwissenschaft, vor allem mit der Physik, nicht hätte Schritt halten können. Eine anspruchs-

Die M-Theorie ist eine schwierige Ausgeburt der sogenannten „zweiten Superstringrevolution", wobei ein US-amerikanischer Mathematiker und Physiker namens Edward Witten wohl am grundlegendsten zu ihrer Etablierung beigetragen hat. Wie schon angedeutet, beansprucht Witten für die M-Theorie elf Dimensionen, sprich eine mehr, als die Stringtheorie ursprünglich einfordert; richtiger gesagt: als die Stringtheorien ursprünglich einfordern, denn es gibt – eine weitere Verstiegenheit der Stringtheorie – prinzipiell fünf gleichberechtigte Variationen von ihr. Mit dieser peinlichen Beliebigkeit räumte Witten einst auf, indem er 1995 im Namen der M-Theorie auf einer Konferenz an der *University of Southern California* herleitend verfügte, dass es nunmehr keine vereinzelten fünf Stringtheorien mehr gibt, sondern sie je einen Teil einer einzigen Theorie, eben der M-Theorie, darstellen. Die Stringtheorien sind nach Wittens fachmännischem Verdikt Grenzfälle der M-Theorie, wobei auch die elfdimensionale „Supergravitation" noch unter diese Über-Theorie falle. Somit habe man es bei der M-Theorie mit einer zusätzlichen Dimension zu tun, im Vergleich zur Stringtheorie. Die Stringtheorie basiert ja „nur" auf zehn Dimensionen, wobei Menschen vier dieser Dimensionen durch ihren natürlichen Wahrnehmungsapparat erfahren (die drei Dimensionen des Raumes und die der Zeit eben).

Wissbegierige Leser haben sich hier bestimmt schon gefragt, für (wen oder) was das „M" betreffs der „M-Theorie" steht. Hierzu herrscht analog

---

volle Behauptung und zugleich eine selbstwidersprüchliche, meine ich, wenn man bedenkt, dass das Buch Philosophismen (nicht-empirische Aussagen) derbster Art enthält, z. B. diejenigen, dass dem Universum ein Entwurf zugrunde liege (S. 179), dass ein ganzes Universum aus dem Nichts entstehen könne, im Gegensatz zu kosmischen Körpern wie Sterne oder Schwarze Löcher (177), dass der Ursprung des Universums ein Quantenereignis gewesen sei (131), dass Quantenfluktuationen zur Schaffung winziger Universen aus dem Nichts führen würden (137), dass es viele Universen mit vielen verschiedenen Versionen physikalischer Gesetze gebe (136) und dass Universen selten seien, in denen Leben wie das unsere existieren könne (144).

viel Wirrwarr, als es die Theorie ansonsten stiftet! Die Bedeutung für den Buchstaben M in der Bezeichnung jener Theorie ist nämlich alles andere als einheitlich. „M" steht dazu angeblich wahlweise für „Matrix" (Tom Banks bspw.), „Mother" (Mutter aller Stringtheorien), „Mystery" oder „Membran". Nach Witten steht jenes M für die beiden letztgenannten Etikette – zum Aussuchen je nach Geschmack. Für einen Vornamen an Theorie wurde also bloß ein Buchstabe vergeben, von dem nicht klar ist, für welchen Begriff er steht, wobei von ihrem Hauptbegründer bezeichnenderweise auch „Mystery" (dt. Rätsel, Geheimnis, Mysterium) ins Spiel gebracht wird. Rätsel-, Geheimnis- oder Mysterium-Theorie sind treffliche Namen für eine aufgebauschte Theorie, die kein echtes physikalisches Problem löst, sondern höchstselbst weitgehend ein Rätsel, ein Geheimnis, eben ein Mysterium darstellt.

Im kollegialen Umfeld des theoretisch-mathematischen Vordenkers Witten wurde das „M" sogar schon als umgedrehtes „W" gedeutet, als Platzhalter für „Witten"; auch bereits so, wer es noch exquisiter mag, dass der Buchstabe „M" als einziger im Alphabet neben dem „W" (*Witten!*) fünf Punkte harmonisch verbindet, wobei die fünf Punkte für die fünf Stringtheorien stehen würden, die von den M-Theoretikern anerkannt und mithin vereinnahmt wurden, durch die Integrationskraft ihrer Supertheorie sozusagen. Angesichts ihrer offenen Namensgebung hat ein Verkomplizierungskritiker (der theoretische Physiker João Magueijo) die M-Theorie zudem schon stark negativ mit „**m**athematischer **M**asturbation" assoziiert, was mir Einspruch-Kollegen freilich gut als Benennung für sie gefällt.[76] Ich, für meine Teilhabe am Fach, schimpfe

---

76 Nach meinem fachlichen Empfinden ist der Großeinsatz anspruchsvoller Mathematik im Begründungszusammenhang der M-Theorie das bisher wahnwitzigste Unterfangen des menschlichen Willens zur Macht über ein empfundenes Chaos des Weltalls, um hier, zum kritischen Verständnis, eine Wendung Nietzsches zu bemühen.

sie am liebsten **Mordstheorie**, da sie bislang den gewaltigsten Tod (Super-Tod) für eine anschaulich nachvollziehbare Physik bedeutet. In einem 2013 veröffentlichten Interview stellte Witten zur Entstehung des Ausdrucks „M-Theorie" vermeintlich klar (bzw. vielmehr typisch unverbindlich fest): „Manche Kollegen dachten, es gäbe eine elfdimensionale Theorie, die auf Membranen basiert. Doch ich war nicht davon überzeugt, dass sie vollständig funktioniert. Ich wusste aber auch nicht, ob sie falsch ist, und ich wollte ihr nicht widersprechen. Daher behielt ich das M von ‚Membran' und meinte, dass es sich mit der Zeit schon zeigen würde, ob das M für ‚Magie', ‚Mysterium' oder ‚Membran' steht. Später wurden die Membranen dann von Matrizen abgeleitet, und zufällig fängt die Matrix-Theorie auch mit ‚M' an."[77]

Bereits ihre willkürliche Namensgebung deutet auf die Schwammigkeit der besagten Theorie hin. Man ist offenbar nicht mal in der Lage, sie durch ein Wort zu charakterisieren, weshalb ein dürftiger Buchstabe herhalten musste, um sie im Unterschied zu anderen Theorien abgrenzend zu taufen. Ansonsten hätte man sie ja „nur" als „Die Theorie" zu benennen. Das allerdings käme dem ubiquitären Anspruch der M-Theorie

---

77 Abgedruckt in *Bild der Wissenschaft*, Nr. 5, 2013, S. 58. Übrigens habe ich es mir nicht nehmen lassen, einen etablierten landsmännischen Verfechter der M-Theorie, dessen Name aus Pietätsgründen hier nicht genannt werden soll, in einer ironisch angehauchten E-Mail mal kritisch zu fragen, ob er es mit dieser Theorie betreffs Wirklichkeit tatsächlich ernst meine. Ich habe keine Antwort auf das Schreiben erhalten, das auch eine geraffte Darstellung meiner Kosmologie enthielt, in der Art wie in jenem Antwortschreiben meinerseits auf den theologisch motivierten Kritiker an ihr. Man hätte darauf doch wenigstens eine geistreiche Gegenfrage vom betreffenden Herrn erwarten können, eben im Hinblick auf das spekulative Gepräge auch meiner Theorie. Das Ausbleiben einer Replik hier ist nach meiner Erfahrung ein typisches Zeichen für Theoretisierer, denen das Gen der Ironie fehlt. Ich empfehle gegen diesen intellektuellen Missstand der Humorlosigkeit ein Bekanntheitswerk des von mir verehrten, langjährigen Enfant terribles im Zirkel akademischer Philosophie, Richard Rorty: „Kontingenz, Ironie und Solidarität."

wesenhaft entgegen. Sie ist schließlich das Theoriemonstrum innerhalb der theoretischen Physik, mit dem man heute den höchsten Anspruch verbindet, diese in absehbarer Zeit, im Sinne der Vereinheitlichung, vollenden zu können. Ich dagegen plädiere konzeptionell dafür, das Ausforschen einer strukturellen Einheit (Weltformel) des Weltbestehens und -geschehens aufzugeben und stattdessen schon ausgemachte Strukturen von diesem einfallsreicher auszudeuten, wie etwa die Gestaltung von Galaxien bezüglich ihrer zentralen Schwarzlöcher.

Die „M-Theorie" ist, so wie die ihr angeeignete „Stringtheorie", streng genommen, auch keine konsistente Theorie, sondern ein relativ lax verbundenes Sammelsurium von schwer fasslichen Theoremen über die Verbindung der vorgeblich fünfteiligen Stringtheorie mit der erdachten „Supergravitation", die per Kopfgeburt höchst-, das heißt elfdimensional sei.[78] Der Clou hierin besteht darin, dass damit, der hochkomplexen Vorstellung nach, die Allgemeine Relativitätstheorie schlussendlich mit der Quantentheorie zusammengebracht werden kann. Die elfdimensionale Supergravitation ist nämlich als klassische, das heißt als nicht-quantisierte Theorie konzipiert, wohingegen die Stringtheorien im Grunde quantentheoretischer Art sind. Zur Vertracktheit und Fadenscheinigkeit des entsprechend konstruierten Zusammenhangs sei hier zur Demonstration einmal die zukommende Stelle im Online-Lexikon Wikipedia unter dem Beitrag „M-Theorie" angeführt, mit beigestellter Abbildung zum Komplex:

---

78 Selbst ihr Anhänger Hawking gab folgendes zur M-Theorie zu bedenken: „Die M-Theorie ist keine Theorie im üblichen Sinne. Sie besteht aus einer ganzen Familie verschiedener Theorien, deren jede nur für einen Teilbereich physikalischer Situationen eine gute Beschreibung liefert." (Der Große Entwurf, 2010, S. 13)

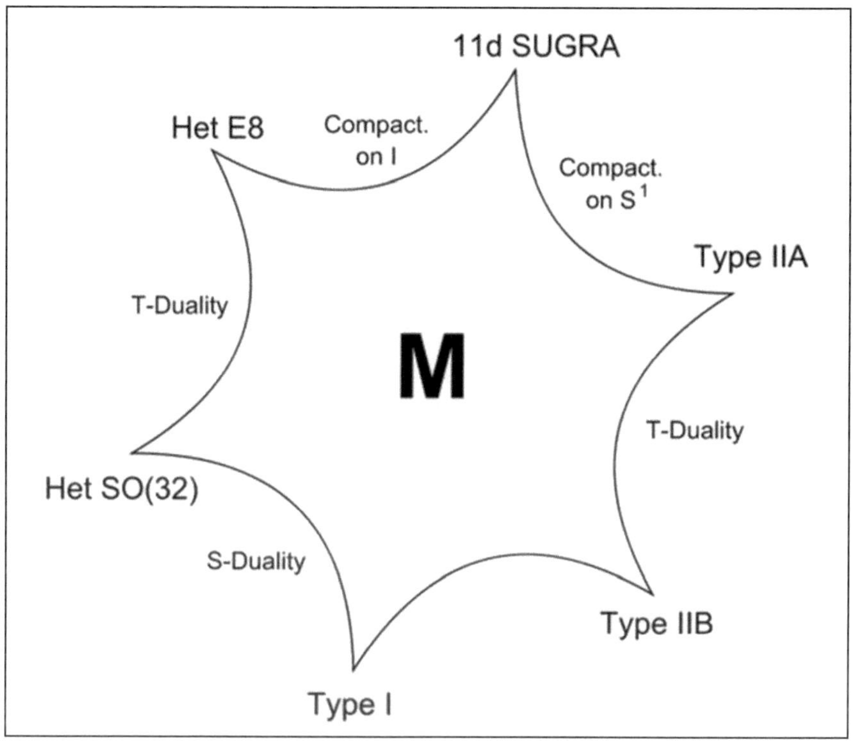

„Die M-Theorie wurde während der so genannten *zweiten Superstring-revolution* geboren, wobei wesentliche Beiträge von Edward Witten stammen, der darüber 1995 auf einer Konferenz an der University of Southern California einen vielbeachteten Vortrag hielt. Hierbei werden die fünf bekannten Superstringtheorien (Type I, Type IIA und IIB sowie die beiden Heterotischen Stringtheorien, im Bild mit E8 und SO(32) bezeichnet) und die elfdimensionale Supergravitation als Grenzfälle einer fundamentaleren Theorie betrachtet.

Die Verbindungen zwischen den verschiedenen Theorien sind durch Dualitäten gegeben wie S-Dualität und T-Dualität. Mit ihrer Hilfe kann man zeigen, dass die unterschiedlichen Theorien die gleichen Ergebnisse berechnen, allerdings in unterschiedlichen Bereichen ihres Parameterraumes. Damit ist es möglich, Aussagen über die zugrundeliegende Theorie in verschiedenen Grenzbereichen zu machen, obwohl eine explizite Formulierung nicht bekannt ist.

Die elfdimensionale Supergravitation nimmt in gewisser Weise eine Sonderstellung ein, da sie die maximale Anzahl von Dimensionen für eine Supergravitationstheorie besitzt, im Gegensatz zu den Stringtheorien, welche in zehn Dimensionen formuliert sind. Elfdimensionale Supergravitation ist außerdem eine klassische (d. h. nicht quantisierte) Theorie, wohingegen die Stringtheorien Quantentheorien sind. Die Verbindung der Supergravitation mit der Heterotischen E8xE8-Stringtheorie bzw. Type IIA wird durch eine Kompaktifizierung der elften Dimension auf einem Intervall (in der Abbildung mit I bezeichnet) bzw. auf einem Kreis (S^1) erreicht. Außerdem betrachtet man auf der Stringseite den Supergravitations-Limes der Theorie.

Nichtperturbative Aussagen zur M-Theorie lassen sich mit Hilfe von D-Branen bzw. M-Branen machen. Allerdings gibt es zurzeit noch keine vollständige nichtperturbative Formulierung der M-Theorie, was auch damit zusammenhängt, dass sich für mehr-als-ein-dimensionale Objekte keine konforme Feldtheorie konstruieren lässt (siehe Polyakov-Wirkung)."

Nun, alles klar? Scharfsinn oder Schwachsinn? Welcher gesunde (nicht-fachidiotische) Menschenverstand will hier noch einen Durchblick behalten, trotz graphischer Darstellung zum Text? Lassen Sie mich, geschätzte Leserinnen und Leser, den letzten Absatz davon mal in eine halbwegs verständliche Sprache übersetzen, um zu verdeutlichen, wie gebrechlich die Stützen sind, auf denen die „M-Theorie" großspurig lastet:

Abklärende Aussagen zur M-Theorie lassen sich mit Hilfe der Vorstellung von Enden offener Strings machen, also mittels der Idee von D-Branen bzw. M-Branen. Allerdings gibt es zurzeit noch keine vollständig klare Formulierung der M-Theorie, was auch damit zusammenhängt, dass sich für mehr-als-ein-dimensionale Objekte keine konforme Feldtheorie ersinnen lässt, d. h. eine Feldtheorie, die punktförmige Teilchen und ihre Wechselwirkungen beschreibt (siehe zweidimensionale Qualität einer konformen Feldtheorie, welche die Weltfläche eines Strings schildert).

Auch wenn der übertragene Absatz für interessierte Laien wahrscheinlich immer noch gehörig unverständlich, weil abstrakt ist, so deutet er doch auf das weitgesponnene Netz an empirisch haltlosen Voraussetzungen hin, auf welche die („perturbative", d. h. frei übersetzt „verworrene") M-Theorie argumentativ lastet.

Zur Stützung der M-Theorie müssen auch die sogenannten Branen ins zukommende physikalische Sprachspiel gebracht werden, die uns weiter vorne, im Kontext der Abhandlung zur Stingtheorie, schon ansatzweise begegnet sind. Was sollen Branen noch mal, und jetzt genauer, sein? Nun, der spitzfindigen Idee nach sind das physikalische Objekte, durch die punktförmige Partikel Belange auf raumzeitliche Dimensionen haben. Punkt-Existenzen seien demnach so zu interpretieren, dass sie auf der Brane der nullten Dimension gefangen sind, während Strings der Brane bereits der ersten Dimension zukommen. Des Weiteren sei es freilich auch möglich, Branen in höheren Dimensionen in Erwägung zu ziehen. Das Wort „Brane" kommt schließlich vom englischen „membrane", zu deutsch „Häutchen", das begrifflich schon mal Zweidimensionalität besitzt (Länge und Breite).

Vor diesem Hintergrund habe man sich Branen als durchaus flexible Objekte zu denken, die in der Lage seien, zwischen den dimensionalen

Welten quasi zu vermitteln, und zwar über die gesamte Raumzeit hinweg, vermöge quantenmechanischer Regelwirkungen. Voraussetzung dafür, dass sich etwa ein per se eindimensionaler String durch die Raumzeit hindurch auswirken könne, sei seine beiderseitige Offenheit, an die Branen als Endflächen konsequent anschließen und somit den betreffenden String dimensional heben. Im Begründungsrahmen der Stringtheorie seien dies die sogenannten D-Branen, entsprechend die sogenannten M-Branen im Kontext der M-Theorie. D-Branen (auch Dp-Branen genannt) sind bspw. definiert als p-dimensionale Objekte, an die offene Strings notwendigerweise koppeln. Die Dimensionszahl p betrifft dabei die Anzahl der räumlichen Dimensionen, wobei jede D-Brane zusätzlich noch eine Ausdehnung in zeitlicher Richtung habe, gleichwohl freilich auch jede M-Brane. Zur Veranschaulichung der branen-artigen Stringvermittlung zwischen den zehn beziehungsweise elf Dimensionen (M-Theorie) besehe man folgende, üblicherweise ähnlich dazu angebotene Skizze zweier D-Branen und deren Verbundenheit durch einen offenen String, wobei anliegend vereinzelte geschlossene Strings mit den einzelnen D-Branenflächen verknüpft sind:[79]

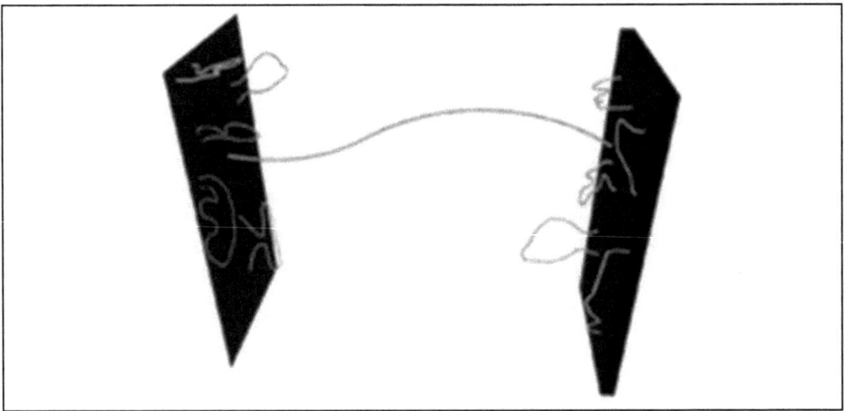

---

79 Quelle: https://de.wikipedia.org/wiki/D-Brane

Wenn offene Strings in den physikalischen Theorieraum gestellt werden, dann darf man dort im Gegenzug schließlich auch solche geschlossener Art erwarten. Tatsächlich gibt es laut Stringtheorie Strings, deren Enden prinzipiell offen liegen, sowie geschlossene Zugehörige, die als solche auf die jeweilige Brane-Basis verwiesen sind (siehe Skizze) und also dimensional nicht ausgreifen können. Nur die Strings mit offenen Enden hätten das Verlangen, sich prompt an zwei Branen zu heften. Gelingt dies, bedeute das zwar ihre dimensionale Erweiterung bis möglicherweise zur zehnten beziehungsweise elften Dimension (M-Theorie), zugleich aber auch ihre dimensionale Verurteilung, denn sie seien von da an „Gefangene" ihrer jeweils zukommenden Brane mit jeweiliger Dimensionszahl. Dimensionales Weiterkommen wird hier offenkundig durch dimensionale Festlegung erkauft. Abgesehen von ihrer behaupteten Existenz sind Branen gleichsam hauptsächlich als physikalische Brücken konzipiert, über die Strings vieldimensional ausschwärmen können, von einer Dimension zu mehreren sozusagen. Dass Branen im Fach oft nur von einem mathematischen Standpunkt aus formuliert sind, deutet allerdings auf ihre konfuse Abstraktheit hin. Im Zusammenhang mit Strings sollen sie irgendwie verzwickt die Welt in ihrer markierten Vieldimensionalität bis zur Zahl 11 ausmachen. Branen hängen insofern, bildlich bemerkt, am seidenen Faden der Strings, die bisher ebenfalls bloß Fiktionen sind!

Einer klaren Vorstellung nach sind Branen im laxen Begründungszusammenhang der Stringtheorie, gelinde gesagt, schwer zu fassen. Was sind sie denn nun entscheidungsmäßig, ihr raffinierten String-, Brane- und M-Theoretiker: nur mathematisch evidente Objekte, physikalisch wirkende Brücken zwischen Dimensionen oder die Dimensionen selbst? Doch eher Letztere, wenn nolens volens metaphorisch behauptet wird, Strings seien auf dieser oder jener Brane „gefangen". Zur Entwirrung des string- und branetheoretischen Begründungsknäuels, dessen längster Faden quasi zur Unterstellung des physikalisch prominenten

„Paralleluniversums" führt – und letztlich gar zum „Multiversum" –, soll ein weiterer Dialog zwischen zwei guten Bekannten dienen. Vorher aber, zur Entspannung von Strings und Branen sozusagen, noch kurz der Hinweis auf den Hergang darauf, wie relativ locker meine Kosmologie die Falle der vermeintlichen Vieldimensionalität umgeht:

Die String- und Branekosmologie baut sich insgesamt auf elf Dimensionen auf in m-theoretischer Version, wobei auch diejenige Dimension in ihr aufgehe, die im Grunde noch gar keine darstelle, also die nullte Dimension, denn betreffs ihr gibt es angeblich nur Punkte ohne Raum und Zeit. Dieses traditionelle Hirngespinst ist freilich notwendig, um Teilchen- und Astrophysik zusammendenken zu können, das heißt genauer: Quantenmechanik und Allgemeine Relativitätstheorie. Meine Kosmologie ist dagegen weder auf „Strings" noch auf „Branen" angewiesen und hantiert auch nicht mit vorgeblichen Dimensionen herum, die sich der menschlichen Wahrnehmung entziehen würden. Zudem muss ich mir die Verrücktheit einer „nullten Dimension" logisch nicht antun, weil ich theoretisch auf keine punktförmigen Gebilde baue wie etwa auf das vorgeschobene „Uratom" Lemaîtres.

Überhaupt stütze ich mich kosmologisch nicht auf winzigst vorgestellte, experimentell zweifelhafte beziehungsweise experimentell unzugängliche Wirkexistenzen wie „Quanten" oder „Strings", sondern auf die Wirkungen sinnlich abgrenzbarer Objekte wie etwa Schwarzlöcher zentralgalaktischer Art. Meine Kosmologie ist durchweg eine im Hinblick auf normale Materie (Masse), sei sie nun prinzipiell sichtbar (hell) oder unsichtbar (dunkel). Sie zieht solchermaßen gleichsam den Kopf aus der Schlinge erdachter (verkopfter) Singularität. Ganz anders dagegen verfährt die Brane- und Stringkosmologie: Gewöhnliche Materie sei, so die Idee, auf entsprechenden Branen gefangen; das heißt, sie könne nicht in die Dimensionen ausgreifen, die über die ihr zukommenden

Brane-Dimensionen hinausgehen. Die zusätzlich angesetzten Dimensionen seien deshalb für uns Menschen, die wir aus normaler Materie bestehen, im Alltag nicht wahrnehmbar. Selbst wir vernunftbegabten Wesen seien also, bis auf vielleicht Weiteres, Häftlinge unserer entsprechenden Branen, demzufolge nach Erfahrung begrenzt auf die vierdimensionale Raumzeit, wiewohl wir die Dimensionen, die über unser Rezeptionsvermögen hinausgehen, denkfolgerichtig erahnen würden dank m-theoretischer Vertiefung.[80]

So einfach machen es sich die String- und Branetheoretiker für gewöhnlich mit ihren waghalsigen Voraussetzungen, die allenfalls logisch

---

80 Über meine Auseinandersetzungen mit String- und M-Theoretikern könnte ich extra ein Buch schreiben. Meine string-gläubige Frau etwa lässt nach wie vor regelmäßig durchblicken, dass sie mich für einen gefallenen, ja durchgeknallten Wissenschaftler hält, wenn ich ihr meinen kosmologischen Ansatz string-kritisch näherbringen will. Meine eigenwilligen Ideen zur Entwicklung des Weltalls seien dermaßen verrückt, dass sie sich sehr wundere, ich könne ernstlich von ihnen ergriffen sein. Ich darauf einmal angekratzt wörtlich aus meiner Erinnerung: „Vielleicht sind sie wirklich verrückt, aber trefflich im Hinblick auf heikle Probleme des Faches. Das wenigstens musst du doch zugeben, wenn du ehrlich bist. Wie blass steht hier dagegen nur die Stringtheorie da samt m-theoretischer Erweiterung. Sie geht schließlich nur in ihrer theoretischen Selbstbezüglichkeit schön auf, in praktischer Hinsicht aber versagt sie kläglich. Sie wird als erlösendes Versprechen hochgehalten, damit sie Geld in Hochschulkassen spült, unter anderem mit dem Not-Argument ihrer vorgeblichen Eleganz. Aber was fesch ist, muss noch lange nicht dienlich sein rundum. Was der Vorstellung nach symmetrisch ist, muss der Wirklichkeit nach nicht richtig sein. In aller Welt geht es bestimmt nicht supersymmetrisch zu, sondern eher chaotisch, was nicht gegen etwaige Ordnungsprinzipien spricht, die Strukturen ins Chaos bringen. Du bist als Exemplar unserer Art auch ziemlich schön, aber deine äußere Attraktivität garantiert natürlich nicht deine wissenschaftliche Nützlichkeit für die Gesellschaft als Ganze." Den letzten Satz hätte ich vielleicht besser weglassen sollen, denn nach ihm hat sich meine Noch-Ehefrau tief enttäuscht und gekränkt von mir abgewandt. Wir passen allerdings schon lange nicht mehr gut zusammen, so dass unsere Scheidung wohl nur noch eine Frage der Zeit ist. Zur „Supersymmetrie" im Gedankenkreis der „M-Theorie" samt „Superstringtheorien" etwas Kontextuelles im folgenden zweiten Dialog dieser Lektüre!

nachvollziehbar sind, aber keinesfalls empirisch nachweisbar, nicht einmal ansatzweise. Überhaupt hat es die moderne Wissenschaft vielfach geerbt, zu ihrer Beglaubigung prinzipiell wie bekannte Religionen zu argumentieren, die ihrerseits von griechischer Metaphysik inspiriert wurden (Platon!): Es gilt die Wahrheit hinter dem Schleier der Illusion zu erkennen; die Welt der sinnlichen Erfahrung sei eigentlich Einbildung, jenseits derer sich das wahre Wesen der Dinge verberge. Früher war der Priester Experte in Sachen wahrer Welt, wie Friedrich Nietzsche sie kritisch von der „nur" scheinbaren Welt unterscheidet. Heutzutage hat diese Rolle mehr der Wissenschaftler inne, speziell der Naturwissenschaftler, wobei jener vor allem Latein sprach, dieser hauptsächlich Mathematik lehrt. Aus meiner Sicht der kosmologischen Dinge sind die Überzeugungstäter im Zeichen der Strings und der Branen freilich eher „Hinterweltler" als Erfahrungsweltler, wie schon Nietzsche entsprechende Kandidaten seiner Zeit ironisch nannte.

Nun also schlussendlich, in meinem fachkritischen Fahrwasser, zum angekündigten Dialog zwischen zwei guten Bekannten, der als Fortsetzung des ersten Dialoges im Text gelesen werden kann. Den Fragenden stelle man sich dabei abermals, wie vorne schon teils gehabt, als einen skeptischen, aber an der Sache der Kosmologie interessierten und zudem über sie recht belesenen Laien vor, als einen fachlichen Halbprofi im Zweifel sozusagen. Den Antwortenden dagegen wieder als einen fest überzeugten, folglich mathematisch orientierten Standardkosmologen, dem als solchen natürlich auch die String- und Branetheorie samt zukommender Einheitskosmologie geläufig ist und der im Zusammenhang schlicht zu erläutern versucht:

Fragender: „Neben der Urknalltheorie habe ich schon viel Bombastisches von der Stringtheorie gehört und gelesen. In der Hinsicht etwa, dass sie die Probleme der modernen Physik vollends in den Griff bekommen könnte, indem sie eine einheitliche Perspektive schafft. Stimmt das, kann man das so sagen?"

Antwortender: „Ja, so kann man es ausdrücken. Die Stringtheoretiker bewegen sich begründungslogisch von unten nach oben und wieder zurück, vom Allerkleinsten zum Allergrößten und dann umgekehrt, vom Vibrieren der Strings bis zur Einwirkung des Paralleluniversums auf unser All im Einzelnen sozusagen. Indem sie eine ganzheitliche Theorie im Einklang mit allen Naturkräften in Aussicht stellen, eine Art Weltformel, meinen sie, die alte physikalische Barriere zwischen der mikrologischen Quantenmechanik und der makrologischen Relativitätstheorie überwinden zu können. Die Weltformel ist zwar noch nicht ersonnen, aber die theoretische Physik macht ständig Fortschritte auf dem Weg zu ihr, so wie es aussieht. Insbesondere durch die andauernde Weiterentwicklung der Stringtheorie, die sich bereits zu einer Kosmologie per Branen ausgewachsen hat."

Fragender: „Moment mal, das geht mir zu schnell mit den Strings und den Branen. Eins nach dem Anderen! Verrate mir doch bitte erst mal, was Strings genau sind oder sein sollen und was die Stringtheorie im Kern besagt."

Antwortender: „Ja, gerne. Aber pass gut auf dabei und streng dein Denkorgan an, denn es ist recht verwickelt hier mit den kleinsten Teilchen, die durch ihre Verstrickungen auch die Welt im Großen ausmachen!"

Fragender: „Gut, ich versuche mein Bestes. Aber wenn ich mir die Bemerkung vorab erlauben darf, sollen die Theorien in der

Wissenschaft doch möglichst einfach gehalten werden meines Wissens, damit sie schön eingängig sind."

Antwortender: „Prinzipiell ist das schon richtig so! Die Stringtheorie muss fürs Erste jedoch relativ komplex sein, um die schweren Altlasten der traditionellen Physik vom Ansatz her entsorgen zu können. Kompliziertes hat man hier quasi vorläufig mit Kompliziertem zu bekämpfen, um nach und nach aus dem Wirrwarr zu entkommen. Später, in Richtung der Entdeckung der Weltformel, wird die Stringtheorie sich mehr und mehr vereinfachen lassen, da bin ich mir ziemlich sicher. Vermutlich löst sie sich dereinst sogar ganz auf, durch ihre theoretische Weiterentwicklung bis zu einem integralen Weltgleichungssystem, das in letzter Konsequenz alles Mögliche in sich vereinigt: eine Art mathematischer Tiegel, in dem alles Sein rechnerisch verschmilzt."

Fragender: „Okay, das ist eine konstruktive Perspektive, obwohl ich nicht annehme, dass sich das ganze Geschehen und Bestehen im Universum letztlich auf eine mathematische Formel bringen lässt. Ich bin kein Freund der String- und Branekosmologie, weil sie so hochabstrakt daherkommt, dass man sich nach meinem Verständnis insgesamt gesehen kaum mehr etwas Fassbares darunter vorstellen kann.

Antwortender: „Zugegeben: Die String- und Branekosmologie ist stark rechnerisch unterfüttert, durch relativ viel theoriestützende Mathematik belegt. Aber das muss doch nicht unbedingt gegen sie sprechen. Schließlich kann man sich unter ihren Bausteinen durchaus noch etwas Anschauliches vorstellen. Womit wir bei deiner konkreten Frage wären, was Strings denn genau sind. Nun, es sind der Idee nach keine typischen

Elementarteilchen, sondern hin- und herschwingende und verflochtene Saiten der Raumzeit, die den materiellen und dimensionalen Zusammenhalt aller Welt ausmachen, vom Kleinstmöglichen bis zum Allergrößten. Während Atome oder Quarks als statische Punkte in der Raumzeit aufzufassen sind, sind Strings dynamisch vernetzte Basiselemente alles Seienden, die von der ersten Dimension aus wirken. Diese ist für uns Menschen aber nicht erfahrbar, da wir uns sinnlich erst ab der zweiten bis vierten Dimension samt Zeit aufhalten, das heißt innerhalb von Länge, Breite, Höhe und Zeit. Strings hingegen sind der Theorie nach trotz ihrer Unscheinbarkeit schlussendlich in allen Dimensionen bestimmend, da ihre vernetzte Unruhe die Grundlage des Seins ausmacht, auf die dann alles weitere Geschehen notwendig aufbaut. Gemäß M-Theorie, die bekanntlich eine Erweiterung der Stringtheorie ist, sind Strings vermöge entsprechender Branen in allen elf Dimensionen am Weltwerke – in zehn Raumdimensionen und der Zeitdimension."

Fragender: „Soso, eine ganze Fußballmannschaft an Dimensionen, die ihr Spezialisten da aufbietet. Bevor du weitererklärst in der Sache, würde ich gern von dir wissen, warum die Stringtheoretiker auf diese frappierende Vielzahl an Dimensionen bauen! Genügt denn eine mehr als die üblichen vier wahrnehmbaren Dimensionen nicht, um die klitzekleinen Strings unterzubringen?"

Antwortender: „Nein, theoretisch reicht das nicht aus, um per Strings die Brücke zur Dunklen Materie oder gar zum möglichen Paralleluniversum schlagen zu können. Aber mit der Annahme einer zusätzlichen Dimension neben den geläufigen vieren lässt sich schon mal das klassische Problem mit der Singularität lösen, die ich dir früher, im Zusammenhang mit der Erklärung

Schwarzer Löcher und dem Urknall, bereits dargelegt habe.[81] Sind die kleinstmöglichen Weltelemente schon dimensional ausgerichtet, wird die Schwierigkeit mit der physikalischen Singularität irrelevant, denn diese ergibt sich eigens für vorgestellte Grundelemente als Punkte, wie es eben die typischen Elementarteilchen sind, als da wären einst Atome oder etwa die heute diesen noch unterteilten Quarks."

Fragender: „Die Grundannahme der aktuellen Stringtheorie, auf der sie sich insgesamt aufbaut, ist demzufolge die, dass sich alles, was geschieht, auf bestimmten Dimensionsebenen abspielt, in Seinsbereichen von der ersten bis zur elften Dimension. Trifft das zu?"

Antwortender: „Ja, so lässt es sich sagen. Somit wird halt auch die leidige Singularität umgangen, die sich in letzter Konsequenz aus der Allgemeinen Relativitätstheorie ergibt, die Einstein entwickelt hat. Mit dieser Theorie geht man schließlich davon aus, dass die Raumzeit qua Massen gekrümmt ist. Bei entsprechend sich verdichtender Masse müsste die Raumzeitkrümmung darum logisch gegen das maximal Mögliche gehen, so dass am Ende nur noch ein nichtiger Punkt übrigbleibt beziehungsweise ein Uratom am Anfang des Weltalls vor dem Urknall nach Lemaîtres Bestimmung."

Fragender: „Die bedenklichen Endeffekte der Allgemeinen Relativitätstheorie sind mir schon arg bewusst, nach Recherche dazu. Noch zweifelhafter kommt mir aber die stringhafte Überwindung der gemeinten Singularität durch die Annahme von Zusatzdimensionen

---

81 Siehe dazu die betreffende Stelle im ersten Dialog des Buches (S. 48 f.)!

vor. Dieser Kniff scheint mir insgesamt nicht erhellend, sondern mehr eine Verzweiflungstat der theoretischen Physik zu sein, wenn man ganze elf Dimensionen ansetzt, von denen nur vier von uns Menschen wahrnehmbar seien. Die Stringtheorie ist nach meinem Bedenken eher eine Problemverschiebung ins Abstrakte und folglich Abstruse, als dass sie Licht im dunklen Tunnel der theoretischen Traditionsphysik spenden würde. Ich kann mich beim besten Willen nicht zur Stringtheorie bekennen, trotz der rosigen Aussichten, die man mit ihr in Verbindung bringt."

Antwortender: „Das ist deine freie Entscheidung als interessierter Laie, wir Experten haben indes vorläufig auf die Stringtheorie samt ihren Verfeinerungen zu vertrauen. Es gibt bislang nichts Besseres als die physikalische Dimensionsvermehrung über Strings und Branen zwecks Lösung alter Fachprobleme."

Fragender: „Nun gut, das ist deine Einschätzung! Allein zurück zu meiner Frage, wofür man diese theoretische Vielzahl an Dimensionen überhaupt braucht. Die Last der Singularität lässt sich doch bereits mit der Unterstellung einer weiteren Dimension neben den alltäglich bekannten abwerfen, wie du sagst. Klär mich da bitte auf!"

Antwortender: „Gut, gerne. Halten wir eingangs fest, dass es gemäß M-Theorie elf Dimensionen sind, die es gibt. Aber alles schön der Reihe nach, das heißt zunächst zu den zehn Dimensionen der Stringtheorie! Schon 1917 kam man in Physikerkreisen auf den Gedanken, es könnte eine fünfte Dimension im Allerkleinsten geben, neben den anderen vier offenbaren, eben zur Überwindung althergebrachter Dilemmata der theoretischen Physik à la Einstein. Die Idee einer zusätzlichen Dimension wurde später von den Stringtheoretikern wieder aufgegriffen und gedanklich ausgebaut, vorerst bis zur Ausdeutung von zehn existenten Dimensionen. Das Besondere dabei war die These, dass die sechs zusätzlichen Dimensionen wegen der Strings kompaktifiziert, das heißt aufgerollt sind, wobei der Kompaktifizierungsradius nur etwa eine Plancklänge ausmache. Diese Länge, oder vielmehr Kürze, ist demnach ca. 10^{20} Mal kleiner als der Durchmesser eines Protons. Die zusätzlichen Dimensionen sind somit also derart submikroskopisch, dass man experimentell keinesfalls in sie eintauchen kann, geschweige denn sie im Alltag wahrnehmen kann."

Fragender: „Na, das kommt mir aber verdächtig vor: Da man hier keine dieser angeblichen Zusatzdimensionen in direkte oder indirekte Erfahrung bringen kann, verschiebt man sie kurzerhand ins dermaßen Kleine, dass sie theoretisch angenommen werden können, ohne möglichen Einwand von der Empirie."

Antwortender: „Na und? Theoretisch und rechnerisch geht das Kalkül mit den elf Dimensionen betreffs M-Theorie schon mal auf. Die M-Theorie rundet die Stringtheorie großartig ab, und zwar dadurch, dass sie sie als Superstringtheorie mehrteilig einverleibt. Die M-Theorie hat daher heute das größte Potential in petto, die theoretische Physik vereinigen zu können. Die M-Theorie versetzt uns Physiker in die glückliche Lage, die diffuse Superstringtheorie auf eine einheitliche Perspektive zu bringen, indem nur eine Zusatzdimension zu den zehn stringtheoretischen Dimensionen angedacht werden muss."

Fragender: „Das ist aber immer noch keine einleuchtende Begründung dafür, warum sich Superstring- und M-Theoretiker genötigt sehen, alsbald die Menge von elf Dimensionen anzunehmen."

Antwortender: „Stimmt, aber die Antwort darauf gebe ich dir jetzt. Merke auf dabei, es ist nicht leicht zu kapieren!"

Fragender: „Meinetwegen können wir das auch auf später verschieben, wenn es so schwer zu verstehen ist. Sag mir vielleicht besser erst mal, wer hinter der M-Theorie als Begründer steckt, oder besser gesagt als Erfinder der Sache! Handelt es sich dabei nicht auch um diesen allseits bekannten Stephen Hawking? Und was ist eigentlich mit dem M gemeint, was die M-Theorie anbelangt?"

Antwortender: „Gut! Nein, der Brite Hawking war zwar auch ein Verfechter der M-Theorie, aber ihr Hauptbegründer ist ein US-amerikanischer Mathematiker und Physiker namens Edward Witten. Für was das angehende M steht, weiß man nicht einvernehmlich. Selbst Witten lässt das letztlich dahingestellt. Man munkelt beispielsweise, das M stehe für ein gedrehtes W, als Anfangsbuchstabe für Witten. Hier lässt man bewusst eine gewisse Beliebigkeit walten, um offen zu bleiben für Neues. Du kannst das M auch stehend für Mother, Membran, Matrix oder Mystery deuten."

Fragender: „Dann nehme ich Letzteres, denn die Sache mit der M-Theorie kommt mir ziemlich mysteriös vor. Sie ist doch allemal fragwürdig, wenn man nicht mal einhellig weiß oder sich darauf einigen kann, für welchen Begriff die Theorie steht. Wahrscheinlich kann man deshalb nicht mal abgrenzen, über was man mit ihr betreffs Wirklichkeit überhaupt spricht."

Antwortender: „Da kann ich dich beruhigen! Die String-Kenner wissen, worüber sie mittels der M-Theorie nachdenken, nämlich über prinzipiell alles, was es raumzeitlich gibt. Pass gut auf, wie sie zu ihr kamen: Sinnbildlich könnte man sagen, dass die M-Theorie ein posthumes Theoriekind Einsteins ist, denn sie wurde hauptsächlich konzipiert, um die Kluft zwischen dem physikalisch Kleinsten und Größten zu schließen, das heißt genauer: zwischen Allgemeiner Relativitäts- und Quantentheorie. Das hat nämlich schon Einstein probiert, durch das vergebliche Ersinnen einer einheitlichen Feldtheorie, welche die vier physikalischen Grundkräfte in sich vereinigen sollte. Einsteins Versuch zur Vereinheitlichung der theoretischen Physik war noch ein grandioser Irrgänger des Faches, so wie es sich heute darstellt. Durch die M-Theorie dagegen haben wir es schon mal geschafft, die Stringtheorie mit der Gravitation in Einklang zu bringen, das heißt mit der angepassten Supergravitation. Und zwar unter Einbeziehung einer elften, ihr zukommenden Mega-Dimension, was die Bedingung dafür ist, um die Allgemeine Relativitätstheorie, mithin das physikalisch Große, mit der Quantentheorie, also mit dem physikalisch Kleinen, harmonisieren zu können. Strings werden in diesem Zusammenhang wesenhaft als einzelne Quanten verstanden, die Supergravitation dagegen ist nicht von quantitativer Qualität, sondern von klassisch einstein'scher Art."

Fragender: „Aber wenn Strings eigentlich Quanten und damit kleinste Einheiten der Wirklichkeit sind und die Supergravitation eine überdimensionale Schwerkraft sozusagen, wie funktioniert dann die theoretische Verbindung zwischen beiden, so dass das Winzigste mit dem Riesigsten interagieren kann? Erläutere das doch noch näher!"

Antwortender: „Ganz logisch: Es geht durch die geschmeidigen Branen. Diese heben die Strings quasi in höhere Welten, indem sie

sie dimensional vermitteln. Es gibt nämlich eine Art von Strings, die nicht rundum geschlossen, sondern offen sind, offen für ihre dimensionale Aufwertung durch Branen. Stell dir dazu am besten ein ausgefranstes Textilgewebe vor, das man an einzelnen durchtrennten Fäden, den offenen Strings, schon fast überall aufhängen kann. Die Aufhänger hierzu sind die Branen, die Geburtshelfer gleichsam für die Aktivität von Strings in höheren Dimensionen. Oder, vielleicht besser gesagt: Durch das dimensionale Echo der Branen können Strings, also schwingende Saiten, ihre Entsprechungen auf anderen Seinsebenen zum Klingen, sprich zum Schwingen bringen. Somit können Strings sich durchaus in der zweiten bis elften Dimension auswirken, obwohl sie an sich bloß eindimensionale Existenzen sind; allerkleinste Stricklein in der öden Seins-Landschaft sozusagen, um im Bild zu bleiben. Branen indes sind vom Wortstamm her zweidimensional angelegt. Indem nun offene Strings Verbindungen mit Branen eingehen, steigen sie in der Dimensionszugehörigkeit auf, eben durch die Beförderung ihrer zweidimensionalen Partner. Nun, alles klar, hast du das begriffen?"

Fragender: „Ja, aber eher alle Klarheiten beseitigt! Noch klarer scheint mir nun vielmehr, dass die M-Theorie ein typisches Luftschloss der theoretisch hochtrabenden Physik ist; mindestens ebenso luftig wie ihre Vorgängerin, die Stringtheorie, die fadenscheinige sozusagen mit den zittrigen Fäden. Ich habe mir schon einiges an Enttäuschung von der M-Theorie und der Branenkosmologie angelesen, zum Beispiel das, dass es eine verwirrende Vielzahl von Branenmodellen gibt mit jeweiligem Anspruch auf Stimmigkeit. Die Willkürlichkeit, mit der sich Stringtheorien samt Branenmodelle logisch gleichwertig entwerfen lassen, ist doch ein gravierendes Anzeichen dafür, dass sie wahrscheinlich gar nichts mit der Wirklichkeit des Universums zu tun haben. Ich erinnere hierzu daran, dass es bisher noch keinerlei experimentelle Hinweise auf Dimensionen gibt, die über die bekannten räumlichen und der zeitlichen Dimension hinausgehen."

Antwortender: „Ich weiß, aber andererseits hat man bisher keine besseren Erklärungsansätze zum Verständnis des Allerkleinsten und Allergrößten des Weltalls inklusive ihrer Verbindung. Ich will dir das möglichst verständlich näherbringen. Hör gut zu, konzentriere dich! Entscheidend bei der m-theoretischen Verknüpfung zwischen dem Kleinsten und Größten sind eben die Branen, genau genommen die D-Branen. Das sind vorgestellt zwar nur zweidimensionale Existenzen, die aber in eine höherdimensionalen Raumzeit eingebettet sind, in einem Hyperraum, dem sogenannten Bulk, fachbegrifflich genannt. Diese Einbettung, oder besser gesagt Abschottung, der D-Branen ist der Grund dafür, dass die Dimensionen ab der fünften im Umfeld wirkender Strings und Branen von uns vierdimensional gewöhnten Menschen nicht wahrnehmbar sind. Hier kommt die Idee ins Spiel, dass Materieteilchen, die vierdimensional erfahrbar sind, auf zukommende Branen verwiesen sind, die unterhalb des Bulks herrschen. Wir und das uns vertraute Universum bestehen aus solchen Teilchen und folglich sind wir auf dieses beschränkt und können sinnlich nicht in die höherdimensionale Raumzeit eintauchen, die der Vorstellung nach womöglich die Verbindung zu einem weiteren Universum wäre, zum sogenanntes Paralleluniversum, oder gar zum Multiversum."

Fragender: „Na toll, viel zu überladen, um glaubhaft zu sein! Warum wollt ihr fachlichen Geheimnisträger euch denn nicht mit dem erkennbaren Universum zufrieden geben zur Ausdeutung des Weltallgeschehens? Weshalb sucht ihr den letzten Halt dazu immer auswärts, entweder im schier unendlich Kleinen oder schier undendlich Großen? ‚Gott ist groß‘, heißt es, Strings sind es vor diesem Hintergrund offenbar auch!"

Antwortender: „Gott spielt da doch keine Rolle! Zu deiner Frage: Es geht hier nicht um eine Verankerung im Großen oder Kleinen, sondern um die schwierige Vermittlung beider Seinsebenen. Das Problem hierzu liegt vor allem am rätselhaften Phänomen der Gravitation. Das heißt an der Tatsache, dass die Gravitationskraft im Verhältnis zu den anderen Grundkräften so dermaßen gering ist, also relativ zu den Kräften der elektromagnetischen Wechselwirkung, der schwachen Wechselwirkung und starken Wechselwirkung. Um dafür einen Ausgleich an Power zu schaffen, muss eine Art außerordentliche Gravitation angenommen werden, die man Supergravitation nennt."

Fragender: „Und was bitte schön soll diese Supergravitation für eine Kraft sein – wo kommt die her und was bewirkt sie genau?"

Antwortender: „Die Supergravitation ist keine direkt bekannte Größe, sondern vorläufig erst auf der theoretischen Ebene wirksam, als Gravitation speziell der elften nicht wahrnehmbaren Megadimension. Durch die Theorie der Supergravitation eröffnet sich die Möglichkeit, die Supersymmetrie mit der Allgemeinen Relativitätstheorie zu verbinden, das heißt letztlich Teilchengeschehen und Schwerkraft miteinander in Einklang zu bringen. Es geht hier speziell darum, Einsteins Gravitation der Raumzeitkrümmung quantenlogisch zu fassen durch die Teilchenidee der sogenannten Gravitonen, die mithin als Träger der Gravitationskraft eingeführt sind. Das gesteckte Ziel die Supergravitationstheorie betreffend ist sozusagen die Dingfestmachung einer Quantengravitation.“

Fragender: „Na, das kommt mir schon mal wieder ziemlich abstrakt vor, das Arrangement aus Theorien, Kräften und Teilchen! Was soll es dabei mit dieser Supersymmetrie denn konkret auf sich haben?“

Antwortender: „Die Supersymmetrie ist, ehrlich gesagt, vorerst auch ein rein theoretisches Konstrukt, und zwar zur Anordnung und Transformation von Materie; das heißt akkurater: eine hypothetische Spiegelgleichheit innerhalb der Teilchenphysik, die Bosonen, das sind Teilchen mit ganzzahligem Spin, und Fermionen, das sind Teilchen mit halbzahligem Spin, voraussetzt und ineinander umwandeln lässt. Diese sich gegenseitig ummodelnden Teilchen nennt man professionell auch Superpartner.“

Fragender: „Das hört sich sowas wie perfekte Liebe an, die es nirgendwo im Weltall gibt, schätze ich. Man braucht im Kontext anscheinend lauter physikalische Superhelden zur Stützung einer hochabstrakten Theorie der Gleichmacherei, die zugegebenermaßen bislang – und wahrscheinlich ewig lang – nur eine Theorie sein kann. Da die Beweismöglichkeit fehlt, tunkt man hier wohl vorsorglich alles in begriffliche Superlative.“

Antwortender: „Deine Skepsis an empirisch nicht belegten Theorien ehrt dich zwar, aber die angenommene Symmetrie zwischen Bosonen und Fermionen hat schon etwas Geniales an sich, das durch den größten Teilchenbeschleuniger weltweit, den *LHC* bei Genf, bestimmt bald de facto bestätigt werden kann. Immerhin liegen die vorhergesagten Massen der Superpartner schon mal im

Bereich des experimentell zugänglichen für den *LHC*. Die Theorie
der Supersymmetrie birgt von daher denkbar das Potential, offene
Fragen der Teilchen- und Astrophysik und ihrer Verbindung über
kurz oder lang beantworten zu können. Jedenfalls stehen super-
symmetrische Entwürfe in der theoretischen Physik schon lange
auf der Tagesordnung. Die heute maßgebliche Großtheorie in der
Physik, die M-Theorie samt vereinnahmten Superstringtheorien,
ist natürlich supersymmetrisch angelegt. Aber nun zurück zur
Supergravitation, denn mit ihr steht und fällt die M-Theorie.

Die Supergravitation verlangt denkfolgerichtig nach elf Dimensionen. Sie spielt damit eine besondere Rolle als Grenzfall der M-Theorie, die den zehndimensionalen Superstringtheorien integrativ
übergeordnet ist. Die elfdimensionale Supergravitation verspricht
in ihrer Vereinbarkeit mit den vier wahrnehmbaren Dimensionen, eine endliche Theorie der Gravitation zu sein, entsprechende
Quantenfelder und Symmetrien beachtend, um das Standardmodell der Teilchenphysik unter sich fassen zu können. Es ist nur so,
dass die Endlichkeit dieser Theorie bisher weder nachgewiesen
noch ganz ausgeschlossen werden konnte, das heißt im Grunde
ihre Verträglichkeit mit der Wirklichkeit. Das hängt eben entscheidend mit der Annahme der sieben zusätzlichen Dimensionen im
Rahmen der M-Theorie zusammen, genauer mit der Voraussetzung
von sechs Zusatzdimensionen im Kleinsten, neben den vier normal
wahrnehmbaren Großdimensionen, plus der elften Megadimension für die Supergravitation, und mit der kapitalen Schwierigkeit,
all diese Seinsebenen kräfte- und materiemäßig ineinander zu ver-
klammern, nach mathematischem Kalkül."

Fragender: „Das wirkt auf mich alles ziemlich ad-hoc-ig, geradezu
hauruckmäßig, was man mit der M-Theorie alles hypothetisch

in die Welt beziehungsweise ins Weltall setzt, um sie vorläufig gelten lassen zu können. Ich stelle jedenfalls fest, dass betreffs dieser Theorie noch alles ziemlich in der Schwebe ist, im physikalischen Himmel angesiedelt sozusagen. Das mit der Supergravitation scheint mir ein theoretisch kläglicher Lösungsaufbausch des alten physikalischen Scheinproblems zu sein, gemeint Großes mit gemeint Kleinem gedanklich verschmelzen zu müssen. Man teilt das Universum hier in eine großdimensionale Welt einerseits ein und in eine kleindimensionale Welt andererseits und stiftet verzwickte Verbindungen zwischen erdachten Kräften wie etwa die der Supergravitation und modelhaften Materieteilchen wie zum Beispiel die der Bosonen und Fermionen. Das fatal Geniale daran ist indes, dass man sich mit der benötigten Supersymmetrie dabei, folgerichtig zu Ende gedacht, eine Schar neuer Partikel einhandelt, die die Physik früher oder später irgendwie auffinden muss – Tatsachen halber, falls sie halbwegs Erfahrungswissenschaft bleiben will. Man bringt sich hier doch immer mehr selbst in Bedrängnis, soviel ich vermute! Was sagst du dazu?“

Antwortender: „Möglicherweise, aber das betrifft hoffentlich nur eine vorübergehende Notlage auf dem Weg zur Vereinheitlichung der Physik durch eine alles umfassende Theorie. Schließlich gibt es bereits ein starkes Indiz dafür, dass die Supersymmetrie faktisch wirkt, abgesehen von den passenden mathematischen Dualitäten dazu. Und zwar hat sich durch Experimente mit Teilchenbeschleunigern schon eindeutig gezeigt, dass sich die Kopplungskonstanten der Grundkräfte, ausgenommen diejenige der Gravitation, durch zunehmende Energiezufuhr bei den Proben einander annähern, sich mithin immer mehr nivellieren. Ohne theoretischen Einsatz der Supersymmetrie ist das nicht ganz nachzuvollziehen, denn dann schneiden sich die Kurven der einzelnen Kopplungskonstanten der Kräfte bei entsprechender Energie nur fast in einem Punkt, mit Supersymmetrie genau in einem Punkt. Die drei Grundkräfte der elektromagnetischen, der schwachen und der starken Wechselwirkung sind somit schon mal zusammengeführt dank Supersymmetrie. Hier zeigt sich ansatzweise doch bereits die große Vereinheitlichungstheorie, die finale Theorie von allem, wenn du so willst; oder, um es anders noch kompakter auszudrücken, die Weltformel."

Fragender: „Nun gut, ich sehe schon: Du bist in theoretischer Hinsicht typisch harmoniebedürftig, gleichsam nach Erlösung strebend auf dem Feld der Wissenschaft durch mathematische Physik. Es grassiert, so meine außenstehende Meinung, schon seit längerem eine merkwürdige Sucht innerhalb etablierter Physik, mit mathematischen Mitteln nach einer Art umfassenden Weltenplan zu fahnden, nach der Weltformel eben, wie du es nennst. Euer theoretisches Spielzeug der Supersymmetrie zwecks Vereinheitlichung sei euch insofern gegönnt. Außen vor bleibt bei ihrem Einsatz indes die bekannte Alltagsgravitation, so wie ich es verstanden habe, die sich in die elfdimensionale M-Theorie bisher einfach nicht einpassen will, es sei denn verkopft durch das weitere Theoriespielzeug der Supergravitation. Alles in allem sind das bisher ja nur rein theoretische Aufgebote zur formelhaften Vereinigung der Physik, fabelhafte sozusagen. Es fehlt hierzu – und wird höchstwahrscheinlich für immer fehlen – der eindeutige Nachweis einzelner supersymmetrischer Teilchen als Superpartner. Warum wollt ihr Traditionsphysiker alle Materie im Zusammenhang mit sämtlicher Energie des Weltalls bloß durch eine einzige Gleichung ausdrücken, auf einen mathematischen Nenner bringen?! Es sind doch nicht abstrakte Kalküle, sondern bildliche Vorstellungen, welche die Physik immer wieder entscheidend weitergebracht haben. Denke hier mal nur an die kopernikanische Wende, die Kepler aufgrund angepasster Beobachtungen auf die Regeln für die Umlaufbahnen der Planeten um die Sonne gebracht hat."

Antwortender: „Aber das ist doch eine olle Kamelle! Zugegeben: Auch Einstein war auf seine außergewöhnliche Vorstellungskraft angewiesen, um auf die Relativitätstheorie zu kommen, allerdings stieß er hierin auf eine bedeutende Formel, die Energie, Masse und Lichtgeschwindigkeit auf eine mathematische Gleichung bringt, nämlich auf $E = mc^2$. Wenn es Gott tatsächlich gibt, dann ist er bestimmt hauptsächlich Mathematiker und nicht primär Maler! Rein rückberechnend können ernstzunehmende Physiker schon mal nicht bestreiten, dass es den Urknall als Auftakt des Universums wirklich gab. Schließlich legt uns die mathematische Physik hier nur einen formalen Punkt nahe, also praktisch nichts Materielles, aus dem alles weitere folgerichtig entstanden ist. Somit müssten sich doch auch alle Naturkräfte auf einen theoretischen Punkt bringen lassen. Im Urknall war alles einmal eins, so die Überlegung; deshalb müssten sich auch sämtliche vier Grundkräfte – die Gravitation eingeschlossen – in einen formelhaften Zusammenhang bringen lassen."

Fragender: „Viel Glück und Spaß dabei, ich befürchte nur, mit Verlaub: Ihr werdet euch die Zähne an dieser Gewaltaufgabe ausbeißen. Ein Nullbeginn, ein Anfang schier aus dem Nichts, lässt sich zwar nach Adam Riese leicht ausmachen, ist nach normaler Welterfahrung aber höchst fragwürdig, wenn du mir diese laienhaft klingende Bemerkung gestattest. Von nichts kommt nichts, stellt der Volksmund fest. Der gesunde Menschenverstand vertraut essenziell nicht auf Zahlen und Formeln, sondern auf die fünf Erfahrungssinne."

Antwortender: „Es gibt aber offenbar noch fundamentalere Einsichten als die gemäß menschlicher Wahrnehmung, und die lassen sich eben bestimmt nur mathematisch ausdrücken. Hier kommt es speziell auf die Entdeckung von Naturgesetzlichkeiten à la $E = mc^2$ an!"

Fragender: „Naturgesetze werden nicht entdeckt, sondern eher erfunden, zum allgemeinen Verständnis von durchweg dynamischen Vorgängen in aller Welt, die in Raum und Zeit niemals vollkommen deckungsgleich ablaufen. Ich glaube an den Zufall in der Natur und insofern nicht Einstein, wenn er denkt, Gott würfle nicht. Es gibt für uns nichts Grundlegenderes als die menschliche Vorstellungskraft zur Erkundung äußerlich wirkender Kräfte samt Stoffe. Auch Einstein hat gewusst, dass es hauptsächlich auf die Phantasie ankommt, um in der Physik weiterzukommen. Die Phantasie ist wichtiger als das Wissen, meinte er, denn Letzteres ist begrenzt, immer nur etwas Vorläufiges. Das trifft offenbar vortrefflich auf die Halbwissenschaft Kosmologie zu, denn bei ihr kann man naturgemäß nicht viel sicher wissen, sondern ist auf ein einfallsreiches Raten angewiesen sozusagen, nach bestem Wissen und Gewissen."

Antwortender: „Die Phantasie betreffs Kosmologie bringt uns auch zu solch einfachen Problemlösungen wie die der Existenz und des Wirkens der Dunklen Materie oder des Paralleluniversums. Die brennende Frage im Hinblick auf Raum und Zeit ist dann, wie diese gewaltigen Massen im Kleinstrukturierten aufgehen. Somit hat man in der Physik auch ein großes Interesse an supersymmetrischen Teilchen. Denn diese könnten in der Summe, als entsprechender Masseanteil an Superpartnern, eventuell das Loch stopfen, das sich etwa mit dem Begriff der Dunklen Materie im Weltall auftut. Was das angeht, so laufen die Konzepte unter dem Begriff DarkSUSY, das heißt auf Deutsch Dunkle Supersymmetrie. Entscheidend bei ihrer Funktion ist der Effekt der Gravitonen. Das sind die sogenannten Eichbosonen der Gravitation. Gravitonen sind nicht an eine bestimmte Brane gebunden, sondern erstrecken sich kräftemäßig quasi auf mehrere Dimensionen. Dies könnte wiederum der Aufschluss dafür sein, warum die Gravitation im Verhältnis zu den anderen Grundkräften so seltsam schwach ist. Bezeichnenderweise bietet sich mit DarkSUSY auch eine elegante Auslegung bezüglich der Dunklen Energie an. Aufgrund der Möglichkeit von Gravitonen nämlich, sich zwischen Branen zu bewegen und somit dimensional interagieren zu können, ist ein weiteres Universum prinzipiell imstande, mit dem unsrigen gravitativ wechselzuwirken. Das kann ferner als Antwort auf die Frage nach der Herkunft der Kraft gedeutet werden, die wir vorläufig als Dunkle Energie bezeichnen. Andererseits hat die Ableitung der Dunklen Energie aus dem Paralleluniversum die Konsequenz, dass das nachweisliche Gravitationsgesetz über den Haufen geworfen wird, indem auf ein anderes hingedeutet wird. Aber das bekommen wir genauer nicht zu fassen, derzeit jedenfalls noch nicht."

Fragender: „Aha, er gibt Nichtwissen zu, andererseits sprichst du so, als wenn das mit den Gravitonen sinnlich erfasste Wirklichkeit wäre, damit ‚Dunkle Materie‘, ‚Dunkle Energie‘ und obendrein auch noch das ‚Paralleluniversum‘ zu ihrem Existenzrecht kommen. Ich will mich von dem mathematisierten Strings-, Branen- und Bulkzeugs nicht veräppeln lassen. Das hängt mir der Vorstellung nach viel zu wenig gut zusammen. Ich bin ein bodenständiger Denktyp, der nach einer bildlich darstellenden Physik verlangt, die neue Zusammenhänge erschließt und dabei alte Sackgassen umgeht, nicht nach einer wirren Physik, bauend auf mehrheitlich unmerkliche Dimensionen aus dem Stehgreif heraus, die man prophetisch schon als Umriss einer Weltformel feiert. Man braucht dem letzten Geheimnis des ‚Alten‘, wie Einstein Gott nennt, nicht auf die Spur zu kommen, wenn man von seiner Nichtexistenz ausgeht. Ich habe einen Weltall-Ausdeuter für mich entdeckt, der eurer Metaphysik der Vieldimensionalität den Kampf ansagt. Seine Kosmologie löst unter anderem elegant das Problem mit der vermeintlichen Schwäche der Gravitation, indem sie den Messwert der Schwerkraft mit der Größe des Universums ins Verhältnis setzt. Mit welcher Geschwindigkeit heute etwa ein Apfel in Richtung des Erdbodens fällt, richtet sich demnach nicht nach einer angeblichen Gravitationskonstante überzeitlicher Art, sondern nach der aktuellen Verteilung sämtlicher Massen des Weltalls.

Ihr Standardphysiker werdet euch noch wundern, wie eure Konstrukte aus erdachten Teilchen, Fädchen, Superkräften und Dimensionen dereinst ganz in sich zusammenfallen, wenn durch die Kosmologie jenes wissenschaftlichen Vorkämpfers mehrheitlich Licht auf die Verrücktheiten mit dem Urknall, der Inflation, den Strings, den Branen, dem Bulk und dem Paralleluniversum geworfen sein wird; oder etwa auch auf den Teilchen-Quark mit den Quarks, den Superpartnern, den Higgs-Bosonen oder den Gravitonen.

Antwortender: „Na schön, warten wir's ab! Tatsache ist jedenfalls, dass die bislang erfolgversprechendste Kandidatin für eine einheitliche Physik, die sich anschickt, die Probleme mit dem kosmologischen Standardmodell lösend zu umgehen, die M-Theorie ist, samt zugehörigen Superstringtheorien, zukommender Supersymmetrie und entsprechender Supergravitation.

Fragender: „Für eine einheitliche Physik der Mathematik vielleicht, aber nicht für eine bündige Kosmologie nach eingängigen Bildern, die die fraglichen astronomischen Befunde in einen erhellenden Zusammenhang bringt. Glaube mir: Das bevorzugte Beispiel für eine solche Kosmologie wird in absehbarer Zeit dasjenige eines pulsierenden Universums in Ewigkeit sein. Und zwar mit der zentralen Unterscheidung zwischen einer prinzipiell unsichtbaren Welt der Schwarzen Löcher und einer prinzipiell sichtbaren Welt als lichtdurchflutetes All.

Antwortender: „Oh je, was soll denn das für eine Schwarz-Weiß-Malerei des Weltalls sein?!“

Fragender: „Diese bahnbrechende Kosmologie ist nicht so abwegig, wie sie fürs Erste vielleicht scheint, vor allem wohl für eingeschworene Fachleute wie dir. Sie besticht durch eine Art pragmatischer Handhabung der Allgemeinen Relativitätstheorie Einsteins, die ihrerseits eine Art flexibler Aneignung der Newtonschen Gravitationstheorie darstellt. Während des Siegeszuges besagter Ausdeutung des Weltalls wird mehr und mehr ans Licht der interessierten Öffentlichkeit dringen, dass die Gravitation etwas durch und durch Relatives in Bezug auf die raumzeitliche Ausdehnung des Universums ist. Es liegt demnach nicht an angesetzten Teilchen wie dem Higgs-Boson, durch das ein anderes Elementarteilchen letztlich seine Schwere hätte, sondern es kommt hier allein auf die jeweilige Dichteverteilung von Massen in der Raumzeit des Kosmos an, wie viel an Gravitationskraft einzelne Körper darin besitzen. Besteht das Universum nur aus einem einzigen Körper – will heißen: aus einem *all*seits gesättigten Ursprungsschwarzloch – kommt diesem Körper folglich höchstmögliche Gravitation und also größtmögliche Dichte zu. Die astronomisch ausgemachten Phänomene, die ihr Standardkosmologen immer noch rätselhaft mit ‚Dunkler Energie' und ‚Dunkler Materie' in Verbindung bringt, gehen gemäß jener Neubeschreibung aller Welt auf die Wirkung des herrschenden Ursprungsschwarzloches zurück beziehungsweise auf die Wirkungen zentralgalaktischer Schwarzlöcher. So interpretiert ist all das vertrackte Abrakadabra, das im Fach über ‚Dunkle Materie' und ‚Dunkle Energie' verbreitet wurde und immer noch verbreitet wird, in Wahrheit ein defizitärer Ausdruck aufgrund des traditionellen Verständnisses der Gravitation."

Antwortender: „Es fällt mir schwer, dir hier zu folgen. Letztere Andichtungen zu Schwarzen Löchern scheinen mir von Grund auf einhergehend mit einer völligen Überschätzung ihres Potentials."

Fragender: „Mag sein, aber lass mich mal noch weiter ausholen in der Sache, zu deinem Verständnis:

Newtons klassisches Gravitationsgesetz besagt bekanntlich, dass Objekte des Universums wie etwa Erde und Mond sich generell gegenseitig anziehen. Es ist die Fassung einer linearen Anziehungskraft zwischen Körpern je nach ihrem Abstand und ihren Massen, die über den Raum hinweg wirke, ohne zeitliche Vermittlung sozusagen. Bei Einsteins Allgemeiner Relativitätstheorie ist dagegen schon alles Massige raumzeitkrümmlich ins Verhältnis zueinander gebracht, möchte man meinen. Aber das stimmt nur vordergründig, denn genau genommen bleiben die sogenannten Singularitäten Ausnahmen von jener gravitativen Gleichbehandlung der Gebilde des Alls. Schließlich werden diese komischen Letztkonsequenzen von Einsteins großer Theorie mathematisch aus der Raumzeit verbannt und können damit höchstens als nulldimensionale Punkte gelten. Mit dieser nullten Dimension, mit dieser absurden Idee von Nichts räumt mein Held der Wissenschaft auf durch seine Kosmologie, die nun wirklich alles relativ nimmt, was es im Weltall augenscheinlich und vermutlich gibt. Eben hauptsächlich durch das gewagte Setzen auf ein schwarzes Mega-Loch als Ausgangs- und Endzustand des lichten Universums, das durch die Intervention solcher Ursprungsschwarzlöcher in prinzipieller Gleichheit immer wieder entsteht."

Antwortender: „Aber wie absurd ist das denn anzunehmen, dass das ganze Weltall in einem Schwarzen Loch Platz hat! Wer soll denn jener Facherlöser sein, von dessen Kosmologie du so schwärmst?"

Fragender: „Es ist der revolutionäre Wissenschaftler Walter Welter. Schau, hier gebe ich dir eine Lektüre zu seiner Kosmologie an die Hand. Ich empfehle dir: Gehe den deutlichen Text bedächtig und freimütig durch. Das Buch beinhaltet eine Art Fröhliche Wissenschaft im Sinne Nietzsches. Man kann es insgesamt als eigenwillige Streitschrift verstehen, welche die problemlösende Kosmologie Welters unterhaltsam und allgemeinverständlich präsentiert. Beim Lesen wird dir vergleichsweise hoffentlich aufgehen, wie zerbrechlich die hohen Theoriestützen sind, auf denen die traditionelle Physik mit den fiktiv kleinsten unsichtbaren Teilchen samt entsprechender Dimensionen steht und wie geheimnisumwoben die Standardkosmologen mit der ‚Dunklen

Materie‘, der ‚Dunklen Energie‘ und dem ‚Paralleluniversum‘ da-
herkommen. Die Fallhöhe beziehungsweise Ernüchterung ist für
noch nicht Eingeweihte hierbei wohl kaum zu erahnen.

Antwortender: Soso, die Idee eines oszillierenden Universums
also, die du da keck anpreist, samt Schrift zu seinem Erfinder,
dessen Namen ich noch nie gehört oder gelesen habe! Und ein
solch alter Kosmologen-Hut soll die heutigen Schwierigkeiten der
theoretischen Physik in den Griff bekommen? Kaum zu glauben,
aber ich schau mal rein in das Druckwerk.“

Danksagung

Mein ausdrücklicher Dank für ihr Interesse an der Sache, für ihre aufbauenden Worte zum Manuskript und für ihre Detailkritik am Text gilt Peter Reindl und Roland Fröhler.